Transistor
Gijutsu
Special
for Freshers

トランジスタ技術
SPECIAL
for フレッシャーズ

No.107

JN107302

徹底図解

マイコン周辺回路から回路測定とノイズ対策まで

電子回路のコモンセンス

ノイズ
対策

電子部品&
デバイス

アナログ
回路

マイコン

ロジック
回路

トランジスタ技術SPECIAL forフレッシャーズは，
企業の即戦力となるためにマスタするべき
基礎知識と設計技術をわかりやすく解説します．

forフレッシャーズの世界

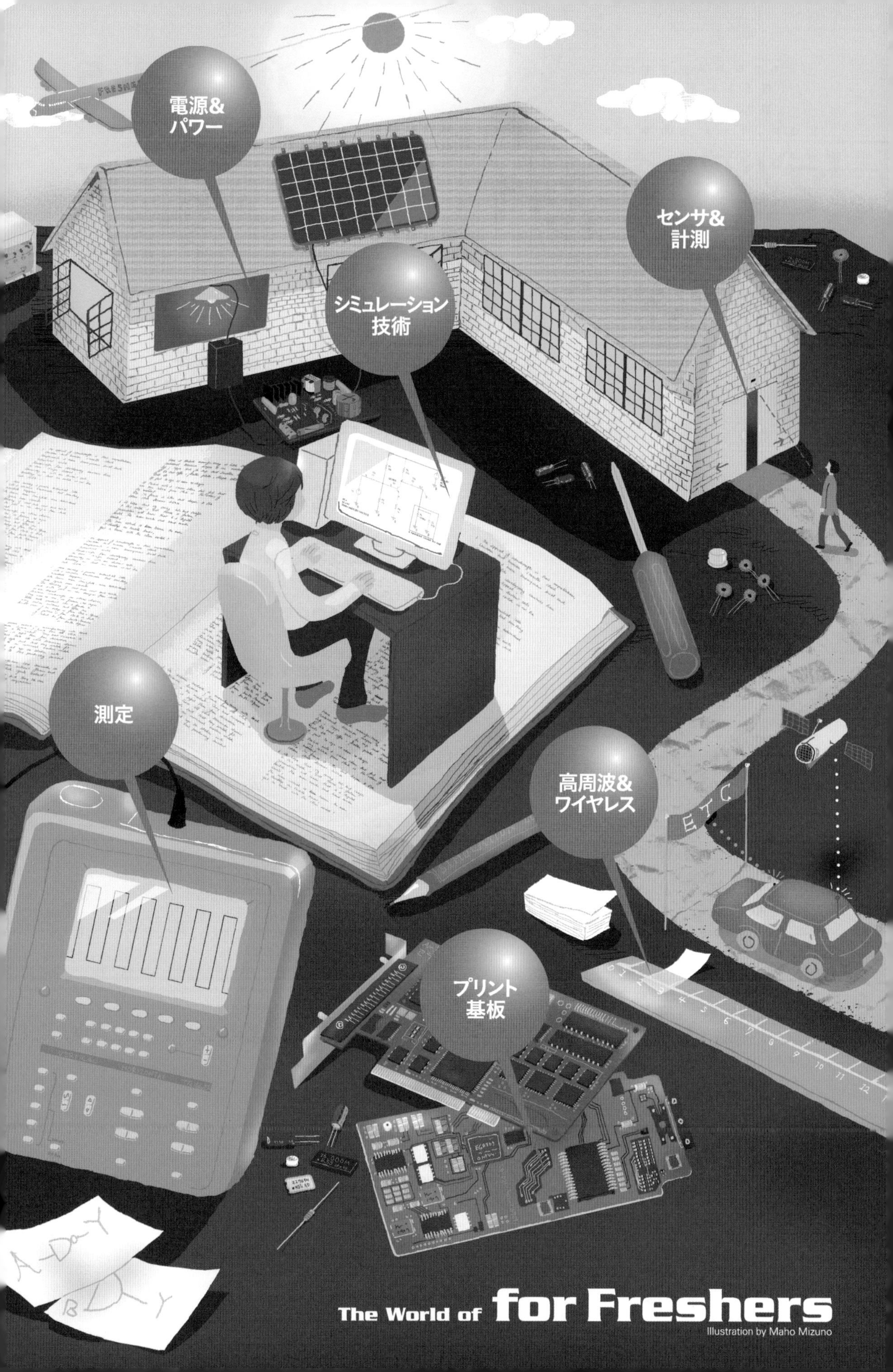
電源&
パワー
センサ&
計測
シミュレーション
技術
測定
高周波&
ワイヤレス
プリント
基板
ETC

The World of for Freshers

Illustration by Maho Mizuno

Transistor
Gijutsu
Special
for Freshers

トランジスタ技術
SPECIAL
for フレッシャーズ
No.107

CONTENTS

徹底図解

マイコン周辺回路から回路測定とノイズ対策まで

電子回路のコモンセンス

はじめに

趣味で電子工作をしている場合は，ほとんどのことが自己完結できますから，多少不正確な知識だったり，常識から外れたことをしたりしていてもあまり問題にはなりません．ですが製品開発となると，大勢のメンバで協力しながら仕事を進めていかなければなりません．そうなると，当然知っていなければならない常識を，皆が共有していないと仕事が遅れるばかりか，製品の開発自体が頓挫してしまうことすらあります．本書ではそのような，当然知っておかなければならないような常識を，商品開発の経験の豊富な筆者陣がピックアップしたものです．また，最新の技術動向に基づいた記事になっていますので，従来常識とされていたことと相反する記載も何点かあります．そのような内容に関しては，ぜひ職場の皆さんで「昔から常識とされていることと違うことが書かれているがなぜだろう？」と議論してみてください．

森田 一

Transistor
Gijutsu
Special
for Freshers

トランジスタ技術
SPECIAL
forフレッシャーズ
No.107

表紙・扉・目次デザイン＝千村勝紀
表紙・目次イラストレーション＝水野真帆
本文イラストレーション＝神崎真理子
表紙撮影＝矢野 渉

▶本書の第1章〜第10章に掲載の
記事は『トランジスタ技術　2007年
5月号/2008年4月号』の特集記事
を再編集したものです.

第 1 章
部品やICを操り回路を機能させる頭脳役

マイコン活用のコモンセンス

1-1　あらゆる電子機器に使われている
マイコンとは

---コモンセンス①---

あらゆる機器の制御に使われている

生活の中で，私たちは知らず知らずのうちにさまざまなコンピュータを使っています．それらのほとんどがコンピュータらしくない形で，さりげなく装置の中に潜んでいます．

▶家電製品のほとんどにコンピュータが入っている

家電製品として，炊飯器，電子レンジ，洗濯機，冷蔵庫，テレビ，エアコン，電気ポットなどがありますし，それらを操作するためのリモコンにも使われています．温水便座や電気カーペット，電気毛布などにも使われています．

▶映像/音楽機器や事務機器，電話などにも

カメラやビデオ・カメラ，CDラジカセ，DVDプレーヤ/レコーダ，iPodなどの携帯音楽機器や，一世を風靡したたまごっちやパチンコ台などのアミューズメント機器にも使われています．事務機器としては固定電話，ファックス，コピー機，もちろん携帯電話にも使われています．

▶自動と名の付くものにはコンピュータがある

それ以外にも，飲み物などの自動販売機，駅の切符

図1 身の回りにはコンピュータがたくさんある
その多くは「マイコン」と呼ばれるIC

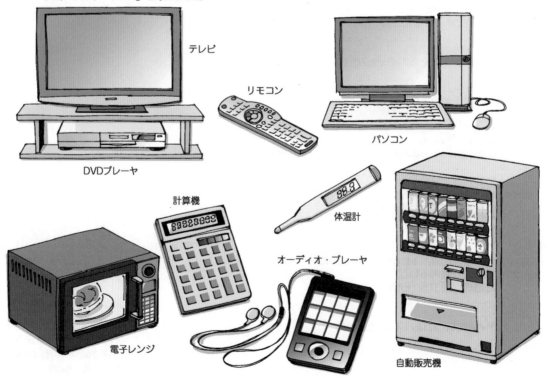

テレビ

リモコン

パソコン

DVDプレーヤ

計算機

体温計

オーディオ・プレーヤ

電子レンジ

自動販売機

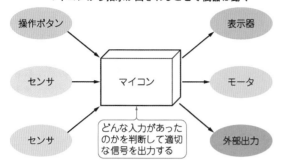

図2 マイコンの役割
操作も含めたほとんどの信号はマイコンに集まり，マイコンから指示が出されることで機器は動く

操作ボタン → マイコン → 表示器
センサ → マイコン → モータ
センサ → マイコン → 外部出力
どんな入力があったのかを判断して適切な信号を出力する

写真1 マイコンの外観

自動販売機や改札機，電子式定期券，銀行のATMなどがあります．

また，自動車には1台当たり数十個のマイコンが搭載されているという話を聞きます．エンジンのコントロールや変速機制御，車体姿勢制御，カー・ナビゲーションは有名ですが，速度計やタコメータの制御，エア・バッグの制御，アンチロック・ブレーキ・システム（ABS），ドア・ロック，スライド式ドアの開閉，ウィンカ点滅，ルーム・ライトの点灯/消灯，ワイパ，シート・ベルト装着判定，走行距離管理，燃費計算，バック・ミラーの位置制御などなど，挙げるときりがありません．

▶便利な生活を見えないところで支えている

図1 のように，今日，私たちの身の回りにはたくさんのコンピュータがあり，起きて活動しているときだけでなく寝ている間も，24時間知らず知らずのうちになんらかのコンピュータを使っているといっても過言ではないでしょう．こういったさりげないところで使用されているコンピュータのほとんどが「マイコン」です．**図2** のように，人の操作など，ほとんどの信号はマイコンに集まります．そして，実際に表示したり，動かしたりする指示もマイコンから出されます．

▶マイコンが使われる理由

パソコンと違い，身の回りの小型の電子機器にさりげなく入っているコンピュータには，大きなディスプレイもキーボードもマウスもありません．

そのかわり，そのような小型の電子機器に必要なコンピュータの処理能力（処理速度）は，それほど高くありません．

このようなところにマイコンが最適です．

装置が小型である場合，電子部品自体も小型である必要がありますし，携帯する機器になると電池での駆動が必須事項となります．

小型，軽量でなければいけないことから，使用できる部品の個数も限定されます．センサは別として，できれば1個の集積回路が望ましいでしょう．電池駆動ならば低消費電力も重要です．

このような条件で使用可能なコンピュータとなると，さまざまな機能をあらかじめ内蔵しているマイコンしか残ってこないのです．

コモンセンス②
「マイクロコンピュータ」と「マイクロプロセッサ」

マイコンとは「マイクロコンピュータ」あるいは「マイクロコントローラ」の略語で，外形は一般の集積回路（IC）と変わりありませんが，それだけで1個のコンピュータを構成している部品です．代表的なマイコンの外観を **写真1** に示します．

▶マイクロコンピュータとは

「マイコン」はマイクロコンピュータの略語で，コンピュータの基本三要素（1-2節参照）を備えた1個の集積回路を指して使う用語です．

マイクロコンピュータと同義語で「マイクロコントローラ」という用語も用いられます．超小型で制御に使用するものという意味です．

▶マイクロプロセッサとは

類似した用語として，「マイクロプロセッサ」があります．これは1-2節で解説するコンピュータの構成要素の一つであるCPU（セントラル・プロセッシング・ユニット）が1個の集積回路（IC）になったものを言います．

コンピュータの残りの構成要素である主記憶とI/O機能は基本的に含んでいません．パソコンで使用されているPentium，Sempron，Core2Duoなどが相当します．もっぱら，パソコンやワークステーション，ネットワーク関連のサーバなどに用いられ，大量データの高速処理が必要なプリンタやネットワーク機器には使用されていますが，一般的な組み込み用途にはあまり用いられることはありません． 〈木村 真也〉

パソコンの動作も炊飯器のマイコンの動作も，基本的な構成と動作原理は変わりありません．

―― コモンセンス③ ――
マイコンは三つの要素で構成されている

パソコンからマイコンまで，どのようなコンピュータであっても，基本構成は同じといっても過言ではありません．

マイコンは， 図3 に示すように三つの主な要素を備えています．コンピュータを構成するには最低限この三つの要素が必要です．

① CPU

CPU（セントラル・プロセッシング・ユニット）は人間でいえば頭脳に相当する機能をもちます．

外部から与えられる情報（データ）に対して各種の演算と処理を行い，結果を出力する機能をもっています．CPUにどのような演算と処理を行うかを指示するものがプログラムで，あらかじめ作成してメイン・メモリに記憶させておきます．

② メイン・メモリ（主記憶）

メイン・メモリは，CPUが実行するプログラムと実行に必要なデータを記憶するものです．

③ 入出力（I/Oポート，I/Oコントローラ）

コンピュータの外から演算対象のデータを受け取り，処理結果をコンピュータの外へ通知する役割りをするのが入出力です．

入出力は，どんなデータを受け取るか，どんな処理結果を出力する必要があるかによって使い分ける必要があります．　　　　　　　　　　　　〈木村 真也〉

図3 コンピュータの基本構成

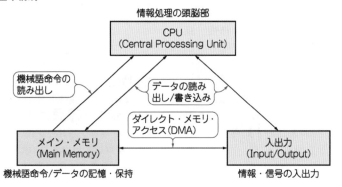

コンピュータは人の脳のように考えることはできない

CPUはコンピュータにおいて頭脳に相当し，演算処理を高速に行うことができます．しかし頭脳といっても，自分で考える能力はなく，指示された機械語命令（表A）どおりに演算処理を行うことしかできません．

10年ほど前に人間のチェス・チャンピオン（カスパロフ）と対戦して勝利したコンピュータ，ディープ・ブルーがありました．

序盤においては，過去の膨大な対戦記録と比較するプログラムが次の手を決めていました．中盤から終盤においては，1秒間に2億手もの速度で持ち時間内に可能な限りの手を調べ，駒の位置関係から評価値を計算するプログラムにより有利と判断された手を打っていました．人間の脳が行っているような思考過程（これはまだ解明されていない）とは異なる手法で，打つ手を決めていたわけです．

column

表A 代表的な機械語命令

分類	詳　細
転送命令	レジスタ間
	メイン・メモリ-レジスタ間
	メイン・メモリ間
演算命令	四則演算
	論理演算
	シフト演算
分岐命令	無条件分岐
	条件分岐
	サブルーチン・コール命令
	リターン命令
その他	入出力命令など

1-3

命令の読み出し～解読～実行を繰り返す

マイコンの構成要素その1…CPU

コモンセンス④

CPU はレジスタを内蔵する

CPUの基本構成を **図4** に示します.

実際のCPUにはこれ以外にもいろいろな回路機能がありますが,基本構成だけを示しています.

● 汎用レジスタ

汎用レジスタは一般にデータを保持する目的で使用します.メイン・メモリ中にあるデータをアクセス(読み出したり,書き込んだり)する際のアドレスを保持することもあります.

メイン・メモリにもデータを記憶しています.主にメイン・メモリ側では演算元のデータや最終結果を記憶させ,CPUの内部レジスタには一時的な中間結果を保存しておくことが多いのですが,どのような目的でレジスタを使用するかは,プログラムを作成する人次第です.

一般に,汎用レジスタの個数は,数個から数十個ですが,多いものでは100個を越えるようなCPUもあります.

● フラグ・レジスタ

演算命令を実行した際,「ゼロになった」とか「マイナスになった」,「繰り上がりが発生した」ということが発生することがあります.このような状況になっ

た後,通常の処理とは異なった処理をする必要がでてくることもあります.このようなことを可能にするため,命令を実行した結果の状況を反映させる特殊目的レジスタとしてフラグ・レジスタを用意しています.

また,フラグ・レジスタの状況によって処理の流れを変えるための命令として「条件分岐命令」があります.

コモンセンス⑤

CPUは読み出し/解読/実行を繰り返す

CPUの基本動作は **図5** に示すように,機械語命令の読み出し,機械語命令の解読,実行という三つの処理の繰り返しになります.

▶ CPUへの指示「命令」の羅列がプログラム

CPUでの演算処理を指示するものは,機械語命令と呼んでいるものです.

機械語命令は例えば「メモリからデータを読み出しなさい」とか,「足し算をしなさい」「ゼロだったらメモリの別の場所に記録した命令を実行しなさい」など,基本的な動作を指示するだけです.それらが長い列,つまり,機械語命令列になってたくさんの命令を出す指示書になったものをプログラム(正確には機械語プログラム)と呼んでいます.

▶コンピュータは人が書いたプログラムで動く

プログラムはソフトウェア・エンジニアがあらかじめ作成する必要があります.パソコンなどを見ていると相当複雑な動作をしているように見えますが,実は,すべて人が作成したプログラムの指示にしたがってCPUが動作しているだけなのです.

〈木村 真也〉

図4 CPUの内部構成
マイコンのCPUでもパソコン用CPUでもほぼ同じ

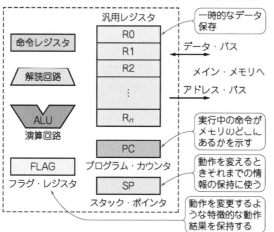

図5 CPUの動作
三つの動作を1サイクルとして繰り返す

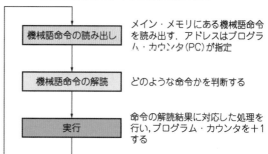

機械語命令の読み出し — メイン・メモリにある機械語命令を読み出す.アドレスはプログラム・カウンタ(PC)が指定

機械語命令の解読 — どのような命令かを判断する

実行 — 命令の解読結果に対応した処理を行い,プログラム・カウンタを+1する

プログラムとデータを記憶する

マイコンの構成要素その2…メイン・メモリ

メイン・メモリは，CPUが実行する機械語命令と必要なデータを記憶するものです．単体の集積回路の場合もありますし，CPUと一緒のシリコン・チップ上にあることもあります．

マイコンの場合，メイン・メモリはCPUと一緒のシリコン・チップ上にあり，後述する入出力と合わせて一つのICになっていることが多く，そのようなマイコンを特にワンチップ・マイコンと言うこともあります．現在は，マイコンといえばワンチップ・マイコンであることが多くなってきました．

コモンセンス⑥
メモリはアドレスを指定してアクセスする

メイン・メモリ（スタティックRAM）のアドレスと記憶領域の関係を 図6 に，スタティックRAMの端子例を 図7 に示します．

メイン・メモリは固定のビット幅の記憶領域が複数個あります．個々の記憶領域はアドレス付けがされていています．各アドレスには機械語命令や必要なデータが記憶されています．そのため，機械語命令やデータのアクセスにはアドレスを指定する必要があります．

コモンセンス⑦
メモリはアドレス線，データ線，制御線で接続する

アドレス指定は複数本の信号線で行います．例えば64Kバイトのメモリは，1アドレスあたり1バイト

（＝8ビット）の記憶容量で，16本のアドレス線があることになります．

アドレス線が16本なので，その組み合わせが2の16乗とおりになるため，アドレスは0番地から65535番地まであることになります．

CPUとメイン・メモリは 図8 のようにアドレス線，データ線，そして制御線で接続されており，CPUが指定したアドレスの機械語命令やデータをアクセスできます．

▶複数のメモリを接続する場合もある

最近のマイコンでは，プログラムとデータを別のメモリに格納する構成をしているものが多くなってきました．

プログラム部は電源を切っても消えないメモリ（EPROMやフラッシュROM）に格納します．データ類はSRAMで構成されたメモリに割り当て，プログラムの実行時にリード/ライトできるようにします．

このように，プログラム部とデータ部を別のメモリに分離することで，命令の読み出しとデータのアクセスを同時に実行でき，高速化が可能となります．

● 複数バイトの並び

現在，データを格納するメイン・メモリはバイト単位でアドレス付けしているCPUがほとんどです．1バイトを越えるデータの場合，複数の連続したアドレスに格納することになります．

下位バイトをアドレスの小さいほうに格納する方式をリトル・エンディアンと呼び，逆に下位バイトをアドレスの大きいほうに格納する方式をビッグ・エンディアンと呼んでいます．

どちらを採用しているかは，CPUによって異なります．一部のCPUではエンディアンを変更できるものもあります．　　　　　　　　　　　〈木村 真也〉

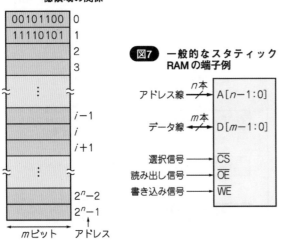

図6 メイン・メモリのアドレスと記憶領域の関係

図7 一般的なスタティックRAMの端子例

アドレス線 n本 → A[$n-1$:0]

データ線 m本 ↔ D[$m-1$:0]

選択信号 → $\overline{CS}$

読み出し信号 → $\overline{OE}$

書き込み信号 → $\overline{WE}$

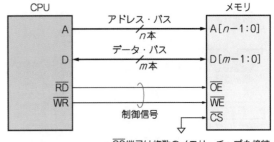

図8 CPUとメイン・メモリの接続

CPU　　　　　　　　　　　　　　メモリ

A — アドレス・バス n本 → A[$n-1$:0]

D — データ・バス m本 ↔ D[$m-1$:0]

$\overline{RD}$ → $\overline{OE}$

$\overline{WR}$ → $\overline{WE}$

制御信号 → $\overline{CS}$

・$\overline{CS}$端子は複数のメモリ・チップを接続する場合に使用する（アドレス・バスの上位のビットをデコードして接続）

1-5

外部と情報のやりとりを行う

マイコンの構成要素その3…入出力

コモンセンス⑧
マイコンと外部のやりとりは入出力機能を使う

コンピュータの使いかたとしては，外部から情報を与えることなく，あらかじめメモリに記録されたデータをもとにひたすら計算させる応用がありえます．

しかし，家電に内蔵するといった「組み込み」の応用では，外部から何らかの情報/信号/データを入力し，それに対応した計算を行い，外部機器を制御するための信号を出力するのが一般的です．

そのためには，コンピュータ外部と情報のやりとりの機能，つまり，入出力機能が必要となります．

▶ マイコンのもつ入出力の例

マイコンに搭載されている主な入出力機能を**表1**に示します．

入力機器としてスイッチや各種センサからの信号が一般的でしょう．出力機器にはLEDや液晶表示器（LCD），モータ，リレー，ソレノイド（電磁石）などを接続するケースが多いでしょう．SDカードのような記憶媒体を接続することもあります．

モータやリレーなどは，マイコンの出力端子から直接駆動することはできないので，モータ・ドライバやトランジスタ，アイソレータなどを経由して接続します．

コモンセンス⑨
もっとも使われている入出力機能「プログラマブルI/Oポート」

▶ パラレル・ポート

ディジタル信号の入出力にはパラレル・ポート（プログラマブルI/Oポート）を使用するのが一般的です．パラレル・ポートに接続される機能としては，次のようなものがあります．

- スイッチによる信号の入力
- LEDの点灯
- モータの回転/停止
- 液晶モジュールとの接続

パラレル・ポートは，電源投入直後やリセット直後に入力ポートに設定されるものがほとんどです．そのため，プログラム起動直後に使用目的に応じてそれぞれの端子を入力/出力に設定する必要があります．端子の入力/出力の設定は専用のモード・レジスタがあり，それに値を書き込むことで行われます．

▶ シリアル・ポート

パラレル・ポートは同時に複数のディジタル信号を

表1 マイコンに搭載されることが多い入出力機能

機能名	用　途
パラレル・ポート	通常のディジタル信号の入出力など
シリアル・ポート	IC同士や機器同士を繋ぐ場合など
タイマ／カウンタ	タイミング制御やモータ制御など
A-D変換	アナログ信号を入力するときなど
D-A変換	アナログ信号を出力するときなど
アナログ・コンパレータ	基準電圧と入力電圧を比較し，基準電圧より高い/低いを判定する

簡単に入力/出力できます．しかし信号線数が多くなり，規格化された信号が少ないので，機器同士の接続にはRS-232-Cに代表されるシリアル通信もよく用いられます．

最近のパソコンはシリアル通信機能としてUSBが主流になってきていますが，パソコン側のソフトウェア開発やハードウェア開発などの点で，比較的簡単で，昔から使われているシリアル・ポートもまだ現役で使われています．

▶ タイマ/カウンタ

組み込みシステムの場合，時間的な制御を必要とするため，タイマやカウンタ機能が重要です．

出力パルスのハイ期間とロー期間を調整することでDCモータの回転速度制御やLEDの輝度調整などの各種制御に用いるPWM（パルス幅変調），ステッピング・モータの駆動タイミングの制御，外部からのパルスのカウント，パルス幅の計測，赤外線リモコンのモジュレーション制御など応用範囲の広い機能です．通常，複数個のタイマやカウンタを備えています．

▶ A-D変換回路

外部での事象がディジタル信号ではなく，アナログ信号の場合もあります．

アナログ信号そのままではコンピュータは扱うことができませんので，数値化したディジタル・データに変換する必要があります．そのためのA-D変換回路も使用頻度の高い機能の一つです．

組み込み用マイコンには10ビット程度の精度のA-Dコンバータと，その入力信号を選択するためのアナログ・マルチプレクサ（10系統前後）が用意されている場合も多くあります．

▶ その他

アナログ・コンパレータ，SPI（Serial Peripheral Interface）と呼ばれるシリアル通信の一種，D-Aコンバータなどもあります．また，最近ではUSBのホスト機能やファンクション機能，Ethernetコントローラを内蔵したものもあります． 〈木村 真也〉

コモンセンス⑩
優先する処理をすぐに実行する機能「割り込み」

コンピュータの主要機能の一つとして「割り込み機能」があります.

割り込み(interrupt)とは, **図9** のように, 現在実行中のプログラムを一時中断して, 割り込み要因に対応した別のプログラム(割り込み処理プログラム)を実行する機能のことです.

● 状況変化への対応に割り込み機能を使うとよい

▶機器に組み込んだマイコンの動作

外界の複数の状況変化や外部で非同期/散発的に発生する事象に対応したプログラムを作成する場合, **図10** に示すように外部事象に関係する信号を常時監視(入力して判定)し, 何からの対応が必要であれば事象対応プログラムを呼び出すことになります.

事象対応プログラムの実行が終了したら元に戻り, 外界を外部事象に関係する信号を監視するループに戻ります(ポーリング処理という).

▶割り込み機能を使わない場合の問題点

上述のような流れで複数の外部事象に対応できますが, 問題点として次の3点があげられます.

① ある事象に対する処理を実行中に, 優先度の高い別の事象が発生しても即座に対応できない

② 一定時間ごとに対応しなければならない処理に対して, 時間の保証が難しい

③ 追加する事象や削除する事象が出てきた場合, プログラムの大幅な修正が必要

そこで, ある事象が発生した場合に, その処理に必要なプログラムを即座に実行する仕組みがあれば, これらの問題を解決することができます. それが割り込みです.

● 割り込みを使った場合のメリット

① ハードウェアで優先順位を判断して割り込みの発生を制御できる

② タイマ機能を使って一定時間経過したら割り込みを発生することができる

③ 対応プログラムの追加/変更が容易

追加の割り込み処理プログラムを作成してメモリに保存し, 割り込みテーブルにその開始番地を登録するだけです. 変更も, 対応する処理プログラムを変更するだけですみます.

● 割り込みの発生要因

割り込みを発生する主な要因は以下のとおりです.

- 外界における事情発生(例えば温度が規定値を越えた, 人が通過した)
- タイマ/カウンタ動作終了
- I/O処理終了
- 電源異常
- 例外事象の発生(これらはプログラム実行に起因するので, 内部割り込みとも呼ぶ)
- 0除算, 不正命令, 不正アクセス, 特権命令違反(一般ユーザが使用できない命令を実行)

割り込み処理プログラムの実行を終了すると, 中断している割り込まれたプログラムの実行を再開します.

〈木村 真也〉

図9　**割り込みが発生したときのプログラムの流れ**
実行中のプログラムを中断して優先する処理を割り込ませる

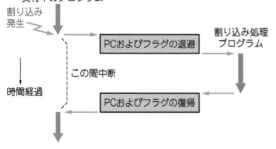

図10　**割り込み機能を使わない場合のプログラム**
ある作業中に他の事象が起きても対応できないし, プログラムが複雑になりやすい

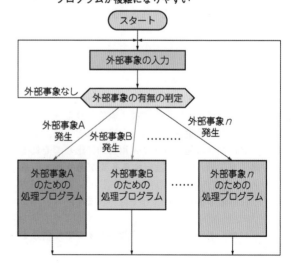

1-7

五つの基本的な検討事項
マイコンの選択の方法

マイコン選定項目は
性能，機能，消費電力，メモリ容量

実際にマイコン応用システムを開発する際，どのマイコンを使用するかを選定する必要があります．どのような観点からマイコンを選定すべきか，**表2** の主要な検討事項についてまとめておきます．

● メイン・メモリの容量

マイコンにどのような処理をさせるのかに依存するので，実際にプログラムを書いてみないとわからないケースが多いのですが，重要なポイントです．

データ量がある程度想定できるようなケース，例えば，画像データや音声データを扱うような場合には，それらのデータ・サイズと基本的な処理方式から最低限必要なメモリ容量が決まってくることもあります．

マイコン・チップに内蔵のメモリでは不足する場合，メモリICを追加して補う必要があります．

メモリ容量の想定が難しい場合は，メモリ容量の選択肢が多いCPUファミリを採用するのが安全策です．ただし，余裕をとりすぎると，コスト高になります．

● 入出力機能

必要となる入出力機能が備わっているかどうかも，マイコン選定の重要ポイントです．備わっていなければ，プログラムで実現したり，必要な機能をもつICを追加したりすることになります．

● 消費電力

電池で駆動する携帯機器の開発において特に重要です．電池動作では，いくら性能が必要でも，消費電力が多ければ採用できません．

例えば，パソコン用のCPUでは消費電力が100 Wを越えるようなものもあります．当然，小型電池での駆動は困難です．

一般に高性能/高機能なマイコンほど消費電力は大きくなります．同じマイコンでもクロック速度が高いほど消費電力が増加します．チェック項目としては，
- ●電源電圧と消費電力
- ●スリープ・モードなどの有無とその消費電力
- ●クロックを停止できる機能の有無

などがあげられます．

表2 マイコンを選ぶときの主要な検討項目

チェック項目	チェック内容
メイン・メモリ容量	扱うデータ量が収まるか
入出力機能	必要な機能をもっているか
消費電力	電圧，電流，スリープ機能の有無
性能	処理時間が許容範囲内か
基本語長	扱うデータ長や性能など

● 性能

プログラムの処理時間や割り込みの応答時間などが許された範囲に収まるかどうかです．これもプログラムができあがらないと確定しないことがあり，難しい問題です．

一般に，プログラムの実行時間 T は，実行する機械語命令の数を N，1命令の実行に必要なクロック数を I，1クロックの周期を C とした場合，

$$T = N \times I \times C$$

として計算できます．ただし，機械語命令によって，実行に必要なクロック数が異なることもあるので，おおよその値です．最近の組み込み用のマイコン（CPU）は，1クロックで1命令を実行するものがほとんどですが，すべてがそうではありませんので，確認が必要です．

● 基本語長

基本語長とは，そのCPUが主に扱うデータのビット幅を言います．具体的には4，8，16，32，64ビットなどがあります．

大は小を兼ねるので，64ビットCPUであればそれ以下の語長のデータを扱うことができます．しかし，扱うデータのほとんどが8ビットなのに，64ビットCPUを使用してしまうと，価格，サイズ，消費電力などの点で不利になります．

逆に，基本語長4ビットのCPUで8ビット長のデータが扱えないかというと，そんなことはありません．ただし，4ビットの処理を2回行ってようやく8ビットの処理1回ぶんになるので，プログラムの手間がかかるうえに性能も落ちます．

CPUを選択する際，基本語長より長いビット幅のデータも扱う必要がある場合には，それに必要な命令を備えているか否かもチェック項目になります．

〈木村 真也〉

コモンセンス⑫
プログラムはC言語などの専用言語で書く

▶ 機械語のソフトウェアを直接作るのは困難

CPUが読み出し・解析・実行する機械語命令は，メイン・メモリに記憶されている0/1のパターンです．しかし，人が0/1のパターン列を作成するのは相当大変な作業といえます．

▶ 機械語よりは扱いやすいアセンブリ言語

少しでもプログラムを作成しやすいようにするために考えられた方法が，機械語命令を略語（ニーモニック）で表現することです．例えば，データ転送命令をMOV，加算命令をADDのような動作を連想しやすい略語に置き換えて表現する方法です．

そのような略語によって記載されたプログラムをアセンブリ・プログラム，その言語をアセンブリ言語と呼んでいます．

アセンブリ言語はCPUによって表記方法が異なります．よって，別のCPU用のプログラムとして再利用することはできません．

▶ マイコン開発でよく使われるのはC言語

アセンブリ言語の登場でプログラムの生産性は向上しましたが，さらに大規模なプログラムの開発やプログラムの保守性の向上を目的として，より抽象的な表記ができる高級言語が開発されてきました．

現在，組み込み分野ではC言語がよく使用されています．C言語はもともと，UNIXオペレーティング・システム（OS）を記述するために開発された経緯がある言語です．

機械語命令での操作を意識した演算子が用意されていたり，ビット/ビット・フィールドを扱うための記述ができたりする一方で，高度なデータ構造やアルゴリズムも記述できる特徴をもった言語です．

▶ C言語を使うにはCコンパイラが必要になる

C言語のような高級言語でプログラムを開発する場合，それを機械語プログラムに翻訳（変換）するコンパイラが必要になります．C言語の場合はCコンパイラです．プログラム開発用のパソコン上（実際のコンピュータとは別のコンピュータ）で使用するので，クロス・コンパイラということになります．

一部のマイコンでは，フリーのコンパイラがあったり，マイコン・メーカから規模限定ながら無償でコンパイラが提供されていたりします．

▶ C言語で作れば移植性が向上する

プログラムを高級言語で開発するメリットの一つとして，CPU依存性がほとんどなくなることがあげられます．高級言語はCPUの構造や機械語命令に依存しない記述機能を提供しています．

別のCPUで動かしたいと思ったとき，そのCPU用のコンパイラを用意すれば，同じプログラムを実行させることができます．ただし，入出力機能のアクセスなどマイコンに依存する部分もあるので，多少の修正は必要になります．

▶ 入出力操作の記述はアセンブリ言語が必要

本来のC言語には，入出力を操作するための記述方法が用意されていません．

そのため，入出力ポート操作用のサブプログラム（C言語の関数）をアセンブリ言語で書く必要があります．コンパイラによっては，ライブラリ関数（コンパイラがもともと備えているサブプログラム）として，入出力ポートの制御機能をサポートしているものもあります．

さらに一部のコンパイラでは，入出力ポートを変数の一種として表記できるよう，独自に言語機能を拡張しているものもあります．ただし，独自の記述スタイルでは，他のマイコンへの移植の際に手間がかかることになります．

図11 プログラムを作り書き込むためにはソフトウェアや専用ツールが必要

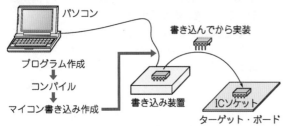

（a）書き込んでから基板に実装する

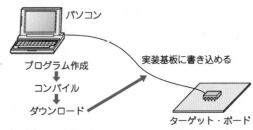

（b）基板上に実装したマイコンへ書き込めるマイコンもある

コモンセンス⑬
マイコン開発にはツールが必要

▶パソコン上で開発してからマイコンに書き込む

　マイコンを応用したシステムの開発では，**図11** のようにパソコンを使用してプログラムを開発し，できあがった機械語プログラムをマイコンに書き込む（ダウンロードする）方法が一般的です．

　プログラムが動くコンピュータと異なるコンピュータで開発するので，クロス開発環境と呼ばれます．

▶開発用ツールなどの選択に注意

　開発用ツール（コンパイラやデバッガ），機械語プログラムの書き込みのための装置，パソコンとのインターフェース（RS-232-Cなど）など，開発環境を整備する際に注意すべき点も多々あります．

　使用するツールや装置はマイコンによって異なります．どのようなツールがあるか／どのような機能があるか／有償か無償か／制約事項はないかなどもよく調べる必要があります．

▶プログラムの書き込みに専用の機器が必要な場合

　プログラム書き込み器は，マイコンに機械語プログラムを書き込むための装置です．

　書き込み器にマイコンを装着し，書き込み操作を行い，その後，取り外したマイコンを実機のボードに装着します．プログラムの修正が必要なこともあるので，ICソケットを用いてマイコンを取り外しできるようにする必要があります．

▶マイコンに書き込み機能が内蔵されている場合

　特別な書き込み装置を必要としない場合もあります．イン・システム・プログラミング(ISP)機能を備えたマイコンの場合，マイコンは実機ボードに装着（はんだ付けでもよい）した状態のまま，数本の信号線を接続するだけで書き込みができます．ただし，パソコンと接続するためには，若干のインターフェース回路を必要とします．

▶便利なI/O機能の設定専用ツールもある

　マイコン内部にはさまざまな機能が組み込んであるため，一つの端子に複数の機能が割り当てられている場合があります．機能を選択して使わなければいけないので，プログラムで設定が必要です．ところが，機能が複雑多岐に渡っている昨今のマイコンでは，必要な設定を把握するだけでも大変です．

　それに配慮して，マイコン・メーカが各種の機能設定をサポートするツールを提供していることもあります．

コモンセンス⑭
プログラムのミスをなくすことを
デバッグという

　ごく小規模な場合を除いて，プログラムを作って問

図12 プログラムのミスを見つけるには

(a) シンプルなデバッグ環境

(b) ICEやJTAGを使ったデバッグ環境

題なく動作することは稀です．ほとんどの場合，なんらかの問題（バグ）があり，バグを見つけて修正して解決する（デバッグ；debug）作業が必要になります．

　プログラムのデバッグ方法も **図12** のようにいくつかの方法があります．

▶実機によるデバッグ

　プログラムの進行状況に対応して，LEDを発光させたり，LCDにメッセージや変数の値を表示することでプログラムの実行のようすを確認できます．スイッチがあれば，チェック・ポイント単位で進行させることもできます．

▶シミュレータを使う

　シミュレータは，パソコン上でプログラムの動作を試してみるためのツールです．

　入出力機能の動作までは確認できませんが，それ以外のプログラムの動作を前もって確認することができます．実機でのテストの前に問題の発生範囲を狭くすることができるので，有効なツールといえます．

▶イン・サーキット・エミュレータ(ICE)を使う

　実機ボードを使ってブレークポイント（プログラムを一時的に中断する条件）を設定し，CPU内部のレジスタの値やメイン・メモリの値を確認しながらデバッグを進める方法です．本格的なデバッグができますが，専用の装置が必要になります．

　ICEを使えば実際のボードでプログラムを実行しながらデバッグするので，入出力と内部状態の両方を確認しながらデバッグが可能になります．

▶JTAG機能を使ったデバッグ

　4本の信号線でICE機能を実現したものです．マイコンが実装ボードにはんだ付けされた状態でもデバッグ可能となります．やはり，専用ツールが必要になります．　　　　　　　　　　　　　　〈木村 真也〉

1-9

メリットは多いがデメリットもある

OS が必要かどうかを見極める

---コモンセンス⑮---

マイコン用の OS がある

パソコンには OS（Operating System）と呼ばれる基本ソフトウェアが必要で，これがないと何もできません．マイコンもコンピュータの一種ですので，マイコン用の OS（組み込み OS）も存在します．国産の OS として μITRON（マイクロアイトロン）が有名ですが，そのほかにもたくさんの OS があります．自社で簡単な OS を作っているメーカもあります．

しかし，マイコンを使う場合は，必ずしも OS が必要とは限りません．OS は「プログラム開発を楽にするための手助けをしてくれるソフトウェア」です．作成するプログラムに OS の手助けが必要なければ不要です．

● OS が手助けしてくれること

OS が必要かどうかを判断するためには，まず OS がどんな手助けをしてくれるのかを理解する必要があります．OS の機能は種類にもより，一概には言えませんが，多くの OS は次のような機能をもっています．

① メモリ管理

マイコンにはメモリが接続されています．そのメモリはプログラムの置き場所になったり，データ処理や計算を行うためのワーク・エリアとして使用されます．OS のメモリ管理機能を使うと，メモリ上のどのエリアがどういう用途で使われているのかを OS が管理してくれるようになります．そうすれば，間違って他の用途で使用していたメモリに，おかしなデータを書き込むような問題を避けることができます．

OS を使わない場合は，あらかじめ「0x????番地から 1024 バイトは○○の用途で使用する」といった取り決めをしておき，問題が起こらないようにします．

② デバイス管理

マイコンのもっているタイマや，A - D コンバータなどの機能や周辺装置をどのプログラムが使っているかを管理する機能です．

また，OS がデバイス・ドライバというソフトウェアをもっており，周辺装置を手軽に使うことができます．

③ 時間管理

マイコンに「○○が起きたら 5 秒後に××をする」という処理をさせる場合を考えてみます．マイコンには「タイマ」と呼ばれる機能があるので，タイマを使って時間を計測し，適切な頃合いを見計らって処理が実行されるようにプログラミングするのが一般的です．

時間管理機能のある OS を使うと，タイマを OS が管理してくれるようになり，「○秒間プログラムを停止する」「○秒間隔で定期的に処理を実行する」といった時間に関係するプログラムを簡単に書くことができるようになります．

④ タスク管理

マイコンには CPU が一つしか入っていないのが普通です．しかし，そのようなマイコンに二つの処理を同時に実行させたいとしたらどうしましょう．

パソコンにも通常は CPU が一つしか入っていませんが，音楽を再生しながらワープロソフトを使うということができます．これは OS が二つのプログラムを非常に短い周期で交互に切り替えて実行しているからです．ある瞬間には一つの処理しか動いていないのですが，人間からみると二つの処理が同時に動いているように見えるのです．

このような OS の機能をタスク管理機能と言います．

OS のこの機能は，マイコンがもっている「タイマ」と「割り込み」と呼ばれる機能を使って作られています．同じようにタイマと割り込みを使えば，OS がなくても二つの処理を交互に実行させ，疑似的に二つの処理を並列動作させることができます．

● OS を使う場合のデメリット

OS には便利な機能がある反面，デメリットもあります（表3）．利用する価値があるかどうかは，メリット，デメリットを理解してしっかり見極めてください．

〈大中 邦彦〉

表3 マイコンで OS を使うことのデメリット

- 使いたい OS がサポートしているマイコンを選ぶことになり，マイコンの選択肢が狭まる
- OS の仕様や特性を理解する事前学習に時間を要する
- OS そのものもそれなりのサイズをもったプログラムなので，必要なメモリ容量が増える
- OS 内部に問題があった場合は，OS メーカに修正を依頼しなければならず，納期に間に合わないリスクがある
- OS の使用料がかかる場合がある

第**2**章
ディジタル信号の高速処理のために

ディジタル回路のコモンセンス

2-1　　規格化された伝達方式が多くある
ディジタル信号の性質と伝送のためのルール

―――― コモンセンス⑯ ――――
ディジタル信号は
白黒はっきりした信号

図1 を見てください．アナログというものは「水道の蛇口をひねったときに流れる水の量」のように，連続的に変化するもののことを言います．

これに対し，アナログのように連続していないもの，身近な例で言えば「スイッチがONになって電灯が点いている状態とOFFになって消えている状態」や「切符に穴が開いているのは改札機を通った印．開いていないのは未使用」などのように，どちらであるかはっきりしているものをディジタルと呼びます．

広い意味では「数えられるもの」はみなディジタルと呼ぶことができます．例えば「ON，OFF，明るさ半分」などのように3種類以上の状態をもつものもディジタルと呼ばれます．

ディジタルというと「'0' と '1'」などの数値として表現されるイメージがありますし，そのように理解されている方も多いと思います．

しかし「'0' と '1'」というのは抽象的な表現で，実際にはその裏には「スイッチのONとOFF」や「穴が開いているか開いていないか」などのような物理的な状態が存在します．

―――― コモンセンス⑰ ――――
ディジタル信号は
ルールにしたがって伝える

図2 は身近にあるディジタル機器の例として，パソコンの内部構成と，それらを接続するディジタル信号を表したものです．パソコンはさまざまなディジタル回路技術が集まってできた製品です．最先端の技術も多く使われており，とても複雑な構造をしています．

最近は携帯電話，テレビ，電子レンジ，ポットなどの身近な家電の内部にもパソコンの内部と共通する技術が多く使われてきています．

図2 の左下にあるのは「USB端子」です．USBにはマウスやキーボード，プリンタなどの装置を接続できます．このようにいろいろな装置を接続できる信

図1　ディジタル信号とアナログ信号のイメージ
ディジタル信号にはあいまいな状態がない

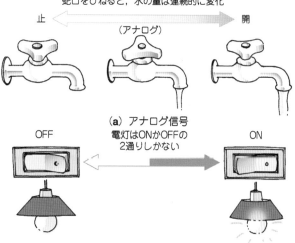

蛇口をひねると，水の量は連続的に変化

止　　（アナログ）　　開

（a）アナログ信号
電灯はONかOFFの
2通りしかない

OFF　　　　　　ON

（b）ディジタル信号

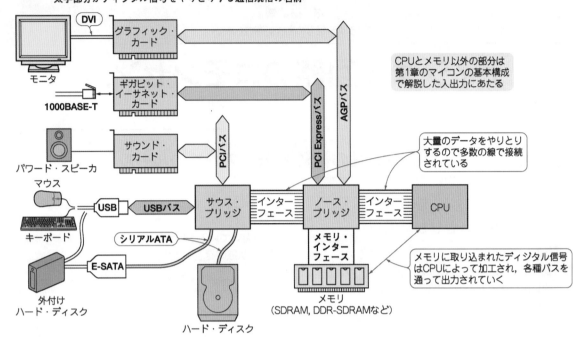

図2 パソコンの構成
太字部分がディジタル信号をやりとりする通信規格の名前

CPUとメモリ以外の部分は第1章のマイコンの基本構成で解説した入出力にあたる

大量のデータをやりとりするので多数の線で接続されている

メモリに取り込まれたディジタル信号はCPUによって加工され，各種バスを通って出力されていく

モニタ
DVI グラフィック・カード
ギガビット・イーサネット・カード
1000BASE-T
パワード・スピーカ
サウンド・カード
マウス
USB USBバス
キーボード
シリアルATA
E-SATA
外付けハード・ディスク
ハード・ディスク
サウス・ブリッジ
インターフェース
ノース・ブリッジ
インターフェース
CPU
メモリ・インターフェース
メモリ
(SDRAM, DDR-SDRAMなど)
PCIバス
PCI Expressバス
AGPバス

号経路を「バス（bus）」と呼びます．

USBはUniversal Serial Busの略で，名前にも「バス」が付いています．

街を走っている車の「バス」は，お金を払うというルールを守れば誰でも一緒に乗ることができます．コンピュータのバスもこれと同じで，ルールを守れば異なる機器を混ぜて接続できます．「IEEE1394」，「PCIバス」，「PCI Expressバス」，「GPIB」などもバスの一例です．

一方，ディスプレイを接続するための「DVI端子」のように，1対1で装置を一つだけ接続するようなインターフェースは，バスとは呼ばれません．

― コモンセンス⑱ ―
シリアルとパラレルは 伝送距離と速度で使い分ける

USBは名前に「シリアル（serial）」と付いていますが，これは**図3(a)**のように，信号が「一直線に（serial）縦に並んで」伝わっていくという意味です．一方の「パラレル」は複数車線の道路のように横にも並んでいるもののことを指します．

▶単純なデータ転送速度ではパラレルが有利

幹線道路が複数車線になっているように，たくさんの情報を一度に送りたい場合はパラレルを使ったほうが良いというのが一般的な考えかたです．

しかし数百MHz以上で高速に変化する信号にとっては，数センチでも伝わる経路が違うと，同じタイミ

図3 シリアル方式とパラレル方式

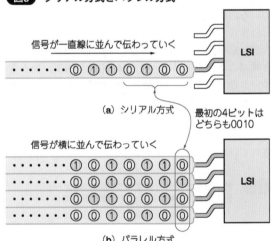

信号が一直線に並んで伝わっていく
・・・・・・ 0 1 1 0 0 1 0 0
LSI
（a）シリアル方式

最初の4ビットはどちらも0010

信号が横に並んで伝わっていく
・・・・・ 0 0 1 0 1 0 1 0 1
・・・・・ 0 0 0 0 0 0 1 0 1
・・・・・ 0 1 1 0 1 0 1 0 0
・・・・・ 0 0 1 0 1 0 1 0 0
LSI
（b）パラレル方式

ングでデータが届かなくなってしまいます．

▶配線の長さが問題になるとシリアルが有利

シリアルの場合はそのような心配がありません．そのため，ケーブルを使って外部の機器を接続する場合には，USBなどのシリアル接続を使います．

機器の内部では長さの誤差を最小限に抑えられるので「PCIバス」のようなパラレル接続が使われます．しかし，最近は信号の速度が数GHzとなり，内部もその誤差が問題となりつつあります．そのため，PCIバスの代わりにPCI Expressバスという新しいシリアル・バスが使われ始めています．　〈大中 邦彦〉

電圧レベルが規格化されている

2-2 ディジタル信号同士をインターフェースするIC

コモンセンス⑲
ロジック回路の基本素子が入っている標準ロジックIC

▶ ディジタル回路は基本素子の組み合わせ

ディジタル回路は NOT, AND, OR などの「論理ゲート」と, 値を保持するための「レジスタ」からできています.

▶ 基本素子だけが入ったICが標準ロジック

論理ゲートやレジスタは 写真1 のような「標準ロジックIC」という部品として売られています.

標準ロジックICはレゴ・ブロックのパーツのようなものです. これをうまく接続すれば, 基本的にはどんなディジタル回路でも作れます. 例えば, マイコンでも原理的には標準ロジックICで作れます.

▶ 標準ロジックICだけで回路を作ることは少ない

ただし, 標準ロジックICで機能を実現する回路を作るには, 多数のICを組み合わせる必要があります.

標準ロジックICの組み合わせだけでディジタル回路を作ることは少なく, あらかじめ内部に回路を作り込んだICを利用します. ここではそのようなICのことをLSI(大規模集積回路)と呼ぶことにします.

▶ 他の重要な役割をもつLSIのサポート役

主役を奪われた標準ロジックICですが, これらは

LSIの機能をちょっとだけ変更/補完するサポート役として使うことができます.

図4 の例を見てください. (A)のLSIはある処理が完了すると BUSY という端子が '1' から '0' に変化します. 別の(B)というLSIは START端子が '0' から '1' に変化すると処理が始まります.

ここで「(A)の処理が終わったら(B)の処理が始まるようにしたい」とき, (A)の BUSY端子と(B)の START端子をつないでもうまくいきません. そこで間に標準ロジックICの「NOTゲート」を入れると, '0' と '1' が反転し, うまくつなぐことができます.

コモンセンス⑳
信号同士をつなぐときは電圧レベルを合わせる

標準ロジックICはどこにでも使えるわけではありません. ディジタル信号同士でも出力電圧の違いや入力特性の違いがあるため, 規格の合わないICやLSIは接続できません.

表1 に電子回路上で使われる主なディジタル信号の規格を示します. 通常, ディジタル信号は回路上の電位差(電圧の違い)で '0' と '1' を表現します. この大きさがうまく合っていないもの同士を接続しても,

写真1 ディジタル回路の基本素子 標準ロジックIC

図4 標準ロジックICの利用例

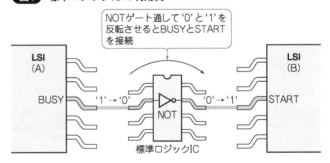

表1 代表的なディジタル信号の規格

規格名	電圧レベル	説　明
TTL	5 V	キャラクタ型の LCD ディスプレイのような旧式の装置で使われている. 最近は LVTTL などの低電圧規格に取って代わられているため, 使われる場面は減ってきている
LVTTL	3.3 V	TTL の動作電圧を 3.3 V に下げたもの
CMOS	1.5 V, 1.8 V, 2.5 V, 3.3 V, 5 V など	1(High)側の電圧は機器により異なる. 相互接続する際には電圧レベルを揃える必要がある. 基本的には 5 V の CMOS信号は TTL と, 3.3 V の CMOS信号は LVTTL と相互接続可能
LVDS	1.2 V ± 0.15 V	2本の信号線を使って伝送する規格. 2線の間の電位差がプラスのときは '1', マイナスのときは '0' を表す「差動伝送」方式. 電位差は 0.3 V 程度と非常に低いため, 省電力, 低ノイズであり, 高速伝送が可能

図5 TTL規格での '0' と '1' の表しかた

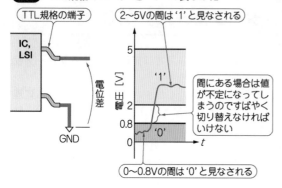

図7 FPGAやPLDは信号規格の変換器としても使える

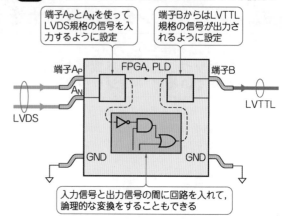

図6 LVDS規格での '0' と '1' の表しかた

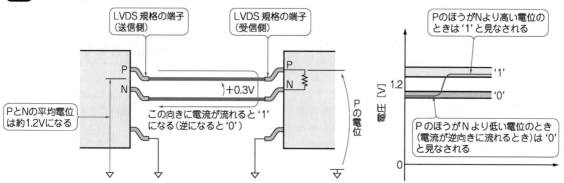

信号をうまくやりとりできません.

▶ **標準的な TTL, LVTTL, CMOS**

TTL規格での '0' と '1' の判定方法を **図5** に示しました. LVTTLはTTLの使用する電源電圧を3.3 Vまで下げたものです.

CMOSの判定電圧は省略しますが, ほぼ同じ考えかたです. CMOSも電源電圧の違いで, 2.5 V, 3.3 V, 5 Vなどのバリエーションがあります.

▶ **規格の異なるディジタル信号を橋渡しする専用IC**

TTLやCMOSの場合, 接続上で問題となるのは主に電圧レベルの違いです.

この問題は「バス・バッファ」や「レベル・コンバータ」と呼ばれるICを使うことで解決できます. これらは電圧のレベルを変換できるICで, 例えば0〜5 Vの間で変化するCMOSレベルの信号を0〜3.3 Vの間に収めたり, その逆を行うことができます. 一部は標準ロジックICとして提供されています.

▶ **高速伝送向きのLVDS**

LVDS(Low Voltage Differential Signaling)は2本の線を使って情報を伝える「差動伝送」という仕組みが使われています. **図6** にその概要を示しました.

LVDSでは, 信号線から発生するノイズが少ないこ

とに加えて, 電流の行きと帰りの線がペアになっていることで外部から受けるノイズを打ち消す効果もあり, 高速伝送に向いています.

LVDSとTTLの間は, 電圧を変換するだけのバス・バッファやレベル・コンバータでは駄目で, 専用ICが必要です.

▶ **システムにFPGAやPLDがあると変換ICは不要**

LVDS信号を使うシステムの場合, 大量のデータを扱うため, 2-4節で解説するFPGAやPLDというLSIを使っていることが多いはずです. このような場合, 専用ICは必要ありません.

FPGAやPLDは, 内部のディジタル回路の接続を外部から書き換えられるLSIです. これらは内部の論理構造を変えられるだけでなく, 入出力端子の信号規格を何通りにも変更できる機能をもっています.

例えば **図7** のように端子A_PとA_Nの規格をLVDSに, 端子Bの規格をLVTTLにします. さらに, 内部の接続を変更して端子Aから端子Bに信号が伝わるように設定できます. このようにするとLVDSからLVTTLへの変換装置として機能します.

〈大中 邦彦〉

2-3

機能を追加するインターフェース回路に使用する

マイコンとディジタルIC

──コモンセンス㉑──
マイコン・システムは機能を追加変更が容易

他社との差別化のために多機能化が進む現在では，マイコンを使わない製品は非常に少なくなっています．マイコンを使うメリットを確認してみましょう．

図8はカラオケ・マシンの内部構造を示したものです．このカラオケ・マシンには次の二つの機能があるとします．

- ●マイクから入力された歌声に，エコーをかける
- ●音源部から再生された音とエコーのかかった音声をミックスしてアンプに出力する

この二つの処理を実現する手段として，大きく分けると，アナログ回路で作る方法，ディジタル回路を使用する方法の2通りが考えられます．**図9**に両者の比較を示しました．

両者を比較すると，アナログ回路のほうがシンプルで部品点数が少なく，結果として，価格も安く抑えられる可能性があります．しかし，ここで，

- ●正しい音程で歌っているかどうかを調べ，点数を表示する

という機能を追加しようと思うと，ソフトウェア処理が可能なディジタル回路に分があります．楽譜データを読み解いたり，点数の計算をするのはマイコンが得意とする処理ですが，それと同じことをアナログ回路で実現するのは難しいからです．

さらに「ランキングを表示したい」「TVに点数を出したい」と機能に対する要求が増えれば増えるほど，マイコンを使うメリットが大きくなっていきます．

──コモンセンス㉒──
ディジタル機器はマイコンと機能拡張ICでできている

「マイコンを機器の中心と考え，足りない機能を追加することで製品全体を構成する」という視点でディジタル回路の世界を捉えてみましょう．

まずは，利用を検討しているマイコンがどのタイプのバスをもっているかを調べ，それに合ったバスと必要な機能をもつLSIを接続します．なかには機能拡張のためのバスをいっさいもっていないマイコンもあるので，注意が必要です．

● メモリ・インターフェース

メモリはCPUコア（マイコンの頭脳）がソフトウェア処理をする際の作業場として使われます．

多くのマイコンはチップ内部にメモリを内蔵していますが，容量はあまり大きくありません．メモリが少ないと一度に扱える情報量が小さくなってしまうため，音声や画像，動画などのような複雑なデータを処理できない場合があります．そのような場合はメモリの増設を検討する必要があります．

図9 機能の修正や追加を考えるとマイコンを使いたい

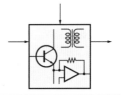

トランジスタやOPアンプを組み合わせて作る

（a）アナログ回路で実現

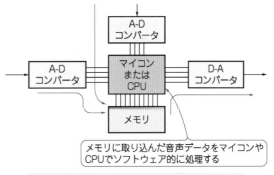

メモリに取り込んだ音声データをマイコンやCPUでソフトウェア的に処理する

まずA-Dコンバータで音声をディジタル信号に変換し，マイコンで処理してD-Aコンバータから出力する

（b）ディジタル回路で実現

図8 カラオケ・マシンを作ろうと考えてみる
搭載機能はエコーとミキサの二つ

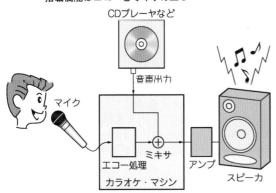

▶メモリの規格は多数あるので確認が必要

　メモリにはDRAM, SDRAM, DDR‐SDRAM, SRAM, ROMなどさまざまな種類があり, インターフェースが異なります. マイコンのもつインターフェースを確認する必要があります.

● 汎用バス, ローカル・バス
▶実体はメモリ・インターフェース

　メモリ・インターフェースを使ってメモリ以外のLSIを接続できる場合もあります. 例えばメモリ・インターフェースを使って接続できるLCDデバイス(文字が表示できる液晶)があります.

▶メモリ以外のいろいろなICを接続できる

　メモリ・インターフェースを使って装置を接続する方法を「メモリ・マップドI/O」と呼びます. メモリ・マップドI/Oは応用範囲が広く, さまざまなものが接続できます. そのためマイコンによってはメモリ・インターフェースと呼ばずに「汎用バス」「ローカル・バス」などと呼んでいる場合もあります.

● I²Cバス

　I²Cバスは「アイ・スクエアード・シー・バス」と読みます. クロック(SCL)とデータ(SDA)のわずか2本の信号線だけを使って, その信号線上に100個以上のICを接続することができる便利なバスです.

▶2本の線で接続できるがスピードは遅い

　配線が少ない代わりに, 通信速度はあまり速くありません. 速度の必要ない用途, 例えば「液晶の輝度やコントラストの調整」「スピーカの音量の変更」といった設定の変更や, 「機器内部の温度を定期的に計測する」「ファンの回転数を読み, 故障を検出する」といった情報の収集を行う場合によく使われます.

● PCIバス
▶パソコン用で高速にデータをやりとりできる

　もともとはパソコンの拡張カードを接続するためのバスです. しかし32ビットCPUコアをもったマイコンの中にはPCIバスに直接接続できる機能をもったものも多くあり, 特殊ではなくなってきました.

　パソコン向けに作られた多くのLSIがPCIインターフェースをもっているため, それらを活用できるメリットがあります.

▶PCIバスをもっていないICでPCIバスを使うには

　利用したいマイコンがPCIバスのインターフェースをもっていない場合でも, PCIホスト・ブリッジ(PCIバス・ブリッジ)というLSIを使うと利用できる場合があります. PCIホスト・ブリッジはマイコンの汎用バス(ローカル・バス)をPCIバスに変換できる

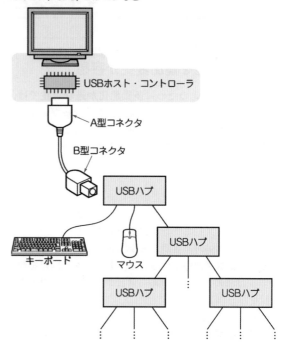

図10 USBによる機器接続の方法

マイコン, CPU, パソコンなど

USBホスト・コントローラ

A型コネクタ

B型コネクタ

USBハブ

USBハブ

キーボード

マウス

USBハブ

USBハブ

USBはホスト・コントローラを頂点としてキーボードやマウスなどのターゲット・デバイスが木構造でぶら下がる仕組みになっている

LSIです. このようなバスとバスを相互接続するLSIは総じて「バス・ブリッジ」と呼ばれます.

● USB

　USB(Universal Serial Bus)もパソコン向けに作られた汎用のバスで, 主にキーボードやマウス, プリンタなどの外部機器を接続する目的で使われます.

　USBは**図10**のように一つのホスト・コントローラを頂点として, ターゲット・デバイスがぶら下がる木(ツリー)構造をしています.

　ターゲット機器同士で通信したり, 複数のホスト・コントローラを混ぜて使用することはできません. 使用するマイコンがホスト・コントローラになれるのか, あるいはターゲット・デバイスとしてしか動作しないのかをよく見極めてください.

　マイコンやCPUがUSBの機能をもっていない場合でも, USBホスト用コントローラICやターゲット・デバイス用コントローラICを接続することでUSBを利用できます. これらのコントローラはローカル・バスやPCIバスを経由して接続します.

〈大中 邦彦〉

2-4

複雑な専用機能を実現したICが多くある
ディジタルICのいろいろ

多彩な機能をもつディジタルICがある

● イーサネットに接続するためのIC

機器をイーサネットに接続することができれば，ネットワーク上にあるパソコンや他の機器とデータの交換をすることができるようになります．通常イーサネットはTCP/IPプロトコルなどと組み合わせて用いられます．

逆に言うと，単純にイーサネット接続用のLSIを使用しただけでは通信できません．多くの場合TCP/IPプロトコルを処理するソフトウェアは「OS」の一部として実装されているため，採用予定のCPUで利用可能なOSがあるかどうか確認してください．

● 機器同士で通信するためのIC

イーサネットとTCP/IPの組み合わせよりも単純に機器同士を接続できるインターフェースとしては，次のようなものがあります．

▶ EIA-232（RS-232-C）

古くからパソコンなどで使われているシリアル・インターフェースです．通信速度は数百kbpsと遅く，現在はUSBに置き換えられつつあります．ほとんどのマイコンはRS-232-Cの機能をもっているため，単純に相互接続する用途でまだ使われています．

マイコンではシリアル・コミュニケーション・インターフェース（SCI）など別の名前で呼ばれている場合があります．ほとんどの場合，マイコンの信号をRS-232-C規格の信号にするためには，**図11**のようにレベル・コンバータICを必要とします．

▶ USB

パソコンにキーボードやマウスなどの周辺機器を接続するための規格としてよく使われています．

マイコンがUSB機能をもっていない場合は，ナショナル・セミコンダクターのUSBN9604（ターゲット・コントローラ側，汎用バス接続，USB1.1対応）やNECエレクトロニクスのμPD720102（ホスト・コントローラ側，PCIバス接続，USB2.0対応）などを使えば対応可能です．

▶ Bluetooth無線技術

最大3Mbpsほどの速度で通信可能な無線インターフェースです．プレイステーション3やWiiなどの最近のゲーム機では，本体とコントローラをワイヤレスで接続するためにBluetooth無線技術を採用しています．

最近では，Bluetooth無線技術を使った携帯電話なども次第に増えてきています．

● 映像を出力するIC

TVゲーム機，カー・ナビゲーション・システム，携帯電話などのように，グラフィカルなメニューや図形，地図，アニメーションなどをモニタに表示したい場合はグラフィック・コントローラを使用します．

グラフィック・コントローラは目的によって価格や性能に大きな違いがあります．主な違いは同時発色数やアニメーション，3D描画を高速化するアクセラレーション機能の違いなどです．

アクセル社のAG902は汎用の16ビット/32ビット・バス接続型のグラフィック・コントローラで，最大1280×1024の高解像度表示に対応しています．また，画像の圧縮伸長を高速化するアクセラレーション機能をもっています．

AMDのImageon 2300は携帯電話やPDAなどの小型機器向けのLSIです．アクセラレーション機能として，動画再生（MPEG4）や3D描画をサポートしています．

● 音声を出力するIC

音声の出力は，D-Aコンバータを用いると最も簡単に実現できますが，ソフトウェアで音声合成処理をする必要があります．専用のLSIを用いると，より簡単に音声出力が実現できます．

NECエレクトロニクスのμPD9996は携帯機器向けの音声出力用LSIで，ADPCM出力や音源出力をもっています．マイコン，CPUからは8ビット・パラレル接続やシリアル接続でコントロール可能です．

● 機器の状態を監視するIC

機器の内部の温度が上昇しすぎてしまうとディジタル回路が誤動作したり，最悪の場合はチップが破壊さ

図11 マイコンにRS-232-Cインターフェースを加えるにはレベル・コンバータが必要

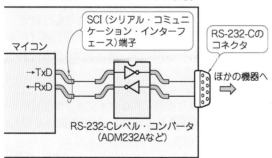

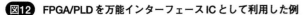

図12 FPGA/PLD を万能インターフェース IC として利用した例

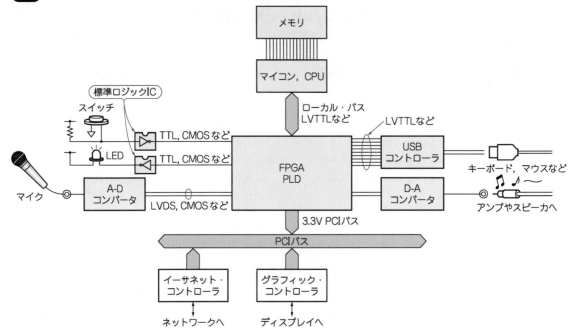

れてしまう場合があります．そのようなことを防止するためには機器内部の温度を監視し，状況に応じてファンの回転数をコントロールするなどして温度上昇を抑える必要があります．

　ナショナル・セミコンダクターのLM96000は機器監視用のLSIで，温度監視（計測用にサーマル・ダイオードが必要），2.5 V，3.3 V，5 V，12 Vの電源監視，ファン回転数監視が可能で，さらにPWM制御によってファンの回転数をコントロールすることも可能です．

　マイコンやCPUとはSMBusを用いて接続します．SMBusはシリアル型のバスで，I²Cバスと同様に2本の信号線を使って通信する方式です．非常に低速なバスなので，マイコンにSMBusがなくても，汎用I/Oポートをソフトウェアで制御すれば利用できます．

コモンセンス㉔
自分の思いどおりのIC が作れる FPGA

● さまざまな目的で使えるLSI

　FPGAやPLDは「再構成可能なLSI」として知られる製品です．どちらも同じような目的で使用されるものですが，ザイリンクスはFPGAと呼び，アルテラはPLDと呼ぶなどメーカによって呼びかたが異なっています．

▶ 買ってきただけでは使えない

　見た目は通常のLSIと何ら変わりはありません．しかし初期状態では何の機能ももっていません．LSI内

部には論理ゲートやレジスタなどの素子がバラバラの状態で用意されており，それらを接続した後で初めて機能が実現します．接続は電気的に行うため何度でもやり直すことができます．そのため，必要に応じてLSIの機能を切り替えて使うこともできます．

▶ 自分専用のIC を作れる

　通常のLSI開発は非常に長い日数と数億円規模のコストがかかるプロジェクトです．完成後に問題が見つかった場合，修正にも大きなコストがかかりますが，これらの再構成可能なLSIを使うとわずかなコストで済みます．

　開発は主にパソコン上で行います．VHDLやVerilogHDLなどの「ハードウェア記述言語」と呼ばれるコンピュータ言語を記述しコンパイルすると設計データが作られ，それをチップにダウンロードすると機能が実現します．

▶ メーカで用意されている設計データもある

　例えばマイコンをPCIバスに接続するためのPCIホスト・ブリッジをFPGAで設計することも可能です．設計そのものは自社で行わず，「IPコア」と呼ばれる設計データを他社から購入し，カスタマイズして利用することもできます．

▶ IC 間の橋渡しに使うと効果的

　FPGAやPLDは接続可能なディジタル信号規格が豊富なので，**図12** のように各ICの中間に配置し，それらの接続を橋渡しする利用方法も効果的です．

〈大中　邦彦〉

2-5

容量やスピードによって選択する
データを保存/記憶するメモリIC

● 理想のメモリはないので使い分ける

理想のメモリは，電源を切っても内容が消えず，安価で大容量，アクセスは非常に速く…ということになりますが，すべてを満足するようなものはなかなか実現できません．

用途に応じていろいろな内部構造，外部インターフェースのメモリ素子が作られています．

ここでは主にマイコンの外部メモリとしてよく利用されているものについて説明します．

― コモンセンス㉕ ―
メモリにはRAMとROMがある

現在，広く利用されているメモリは，大きくは **表2** のようにROM（Read Only Memory）とRAM（Ramdom Access Memory）の2種類に分けられます．
▶ マイコン内蔵のメモリはROMが大きめ

パソコンやサーバ機の場合にはハード・ディスクなどからRAM上にプログラムをロードして動作するので，メモリといえばRAMのことになります．

マイコンの場合には，プログラムや定数データ，固定文字列などはROMに書き込んで利用するのが一般的です．ワンチップ・マイコンでROM容量が大きく，RAM容量が小さいのはこのような事情によります．
▶ 新型のメモリも登場しつつある

最近，RAMのように自由に書き換えができて，ROMのように電源を切っても内容が保持されるタイプのメモリも登場していて，ICカードなどで利用されています．まだ一般に広く利用されるには至っていませんが，興味のある方は調べてみると面白いでしょう．

― コモンセンス㉖ ―
RAMには小容量のSRAMと大容量のDRAMがある

RAMは **表3** のようにSRAM（Static RAM）とDRAM（Dynamic RAM）の2種類に分けられます．

● 小容量だけど低消費電力なSRAM
▶ 小規模マイコンの外付けによく使われる

取り扱いが簡単であること，低消費電力化やバッテリ・バックアップなどをしやすいことから，それほど大容量を必要としない小規模のマイコン・システムの外付けRAMとしてよく利用されます．
▶ DRAMと比べて容量が小さく高価

チップ内部で1ビットを記憶するのに4～6個のトランジスタが必要です．大容量化や1ビット当たりの価格でDRAMに劣ります．
▶ マイコンによく使われるのは非同期SRAM

マイコン・システムで広く利用されているのはクロック信号を必要としない「非同期SRAM」と呼ばれるものです．SRAM製品は主に高速化を目指したものと低消費電力化を目指したものに二分されています．用途によって使い分けるとよいでしょう．

● 大容量で高速なDRAM

DRAMは極めて小さな容量のコンデンサとトランジスタ1個ずつでデータを記憶します．大容量化の点でSRAMより有利ですが，アクセス方法がやや面倒で制御用の回路（DRAMコントローラ）が必要です．

画像データを扱う，LinuxなどのOSを動かすなど，大量のメモリを必要とするシステムで利用されます．

表2 メモリにはRAMとROMがある
最近は境界があいまいになりつつある

種類	メリット	デメリット	主な用途
RAM	データの読み出し／書き込み（アクセスという）が高速	電源を切ると内容が消えてしまう	プログラムが動作するために必要なデータを一時的に保存する
ROM	電源を切っても内容が消えない	高価．データの読み出しは速くない	プログラム本体，定数のデータなど，電源を切っても保持しなければいけないデータの記録

表3 RAMは内部回路の構造から2種類に分けられる
マイコン用には非同期のSRAMが使われることが多い

種類	メリット	デメリット	主な用途
SRAM	扱いやすい	大容量は困難	小規模なマイコン・システムのメモリ．容量よりシンプルさが優先される場合
DRAM	大容量化しやすい	制御に専用回路が必要	大規模なマイコン・システムのメモリやパソコン用メモリなど，大容量が必要な場合

表4 **書き換え可能な ROM**
USB メモリやメモリ・カードは NAND 型フラッシュ・メモリを使っている

種　類	メリット	デメリット	主な用途
シリアル EEPROM	外形が小さい．1 バイト単位で書き込み / 消去が可能	大容量化が困難．高速化が困難	設定情報の保存
NOR 型フラッシュ・メモリ	SRAM とほぼ同じ方法で読み出せる	1 バイト単位の消去はできない	プログラムの保存．データの保存
NAND 型フラッシュ・メモリ	大容量が得られる	消去や書き込みが数百バイト単位になる	データの保存．ディスク・ドライブの代わり

▶ DRAM コントローラ内蔵のマイコンもあるが対応するメモリの確認が必要

マイコンでも非同期 DRAM や SDRAM に対応したコントローラを内蔵して，DRAM を直結できるようにしたものもあります．ただし，接続できるメモリ IC の供給状況は必ずしも良いとは言えません．供給状況や価格などについて調査しておくほうがよいでしょう．

コモンセンス㉗
ROM の主流はフラッシュ・メモリと EEPROM

ROM にもいろいろな種類がありますが，現在よく利用されているものは，データの書き換えが可能な **表4** に示す 3 種類です．フラッシュ・メモリは NOR 型，NAND 型どちらも日本人(東芝に勤務していた舛岡富士雄氏)の発明です．これら 3 種類もメモリ自体の構造はよく似ています．

▶ 書き込みに時間がかかる

いずれも書き込みには数 ms 程度というマイコン側の動作速度に比べると桁違いに長い時間がかかります．

▶ 寿命が短い

書き換えに伴って次第に劣化していき，最後には書き換えができなくなってしまいます．RAM のように自由な書き換えはできません．

▶ プログラムや設定データの保存に使う

電源を切っても内容が消えない特徴を生かして，プログラムや機器の設定データの保存，小容量のハード・ディスクのようにファイル保存用などとして利用されます．

● 設定データの保存用 EEPROM

EEPROM は Electric Erasable ROM の略で，1 バイト単位で読み出し/消去ができるようになっています．そのために回路が大きくなり，大容量化ではフラッシュ・メモリに及びません．

シリアル・インターフェースをもち，8 ピンの DIP や SOP などの小さいパッケージに収めたシリアル EEPROM が主流です．パラレル・インターフェースでは，より安価で容量の大きいフラッシュ・メモリが好まれるためです．シリアル EEPROM の外部インタ

ーフェースとしては，SPI バス，I²C バスの 2 種類が主流です．シリアル EEPROM は機器の設定情報などのデータ保存用に利用されています．

● 1 バイト単位で読み出しできる NOR 型フラッシュ・メモリ

NOR 型フラッシュ・メモリは，SRAM と同様の外部インターフェースをもっており，読み出しかたは SRAM とほとんど同じです．インターフェースが簡単で，1 バイト単位で自由に読み出せます．

初期の NOR 型フラッシュ・メモリの消去はチップ全体一括で行うだけでしたが，現在では内部を複数のブロックに分けて，ブロックごとに消去できるようにしたものが一般的です．

プログラム格納用のほか，CPU を使わずにデータを読んで処理する回路に使う定数データのメモリや，シリアル EEPROM では速度上間に合わないくらい高速にアクセスしなくてはならないデータを格納しておくためにも使われます．

● 大容量の NAND 型フラッシュ・メモリ

NAND 型フラッシュ・メモリはフラッシュ・メモリをハード・ディスク・ドライブと同じように使うことを目的として設計されたものです．

ハード・ディスクの代替を前提として，リード/ライト動作はハード・ディスクと同じ 1 セクタ単位(1 セクタのサイズは通常 512 バイト)，消去は複数セクタをまとめたブロック単位でしか行えないようにすることで回路を節約し，大容量化したものです．

USB メモリや SD/MMC カード，ビデオ・カメラやボイス・レコーダ，MP3 プレーヤなど，大容量のファイルを扱う機器のデータ記録用として NAND 型フラッシュ・メモリが利用されています．

▶ フラッシュ・メモリには寿命がある

消去/書き込みを繰り返すうちに不良ビットが発生し，エラー訂正を使っても救済できなくなることがあります．NAND 型フラッシュ・メモリを使うときは，書き換えが 1 か所に集中しないようにし，訂正不可能なエラーが発生したときには正常な部分を代替領域として使用するなどの工夫が必要です．　　〈桑野 雅彦〉

2-6 メカニカル・スイッチからの入力
チャタリングをキャンセルする必要がある

コモンセンス㉘
チャタリングの対策をする

押しボタン・スイッチやスライド・スイッチのようなメカニカルなスイッチには，接点の開閉時にチャタリング（chattering）という現象が起こります．これは，スイッチの接点の開閉時に接点の機械的振動によって，電気信号が断続を繰り返すことを言います．このため，**図13** のように実際には接点が何度も開閉してしまい，押しボタン・スイッチを1回押しただけなのに，何回も押したような信号が入力されてしまいます．

このチャタリングをキャンセルする回路が必要になりますが，あまりキャンセルする時間が短いと，チャタリングがキャンセルしきれません．かといってキャンセルする時間を長くしすぎると，ボタンを押してからのレスポンスが悪いなどの弊害が出ます．

このチャタリングが発生している時間は，スイッチの構造によって大きく異なり，おおむね数ms～100 ms程度まで幅があります．したがって，実際に使用するスイッチによって，そのチャタリングのキャンセルのための時間を検討する必要があります．

実際にチャタリングをキャンセルする方法としては次のようなものがあります．

コモンセンス㉙
チャタリングの生じないスイッチもある

あらゆるメカニカル・スイッチでは必ずチャタリングが生じますが，水銀入りのスイッチやリレーは接点が表面張力が非常に大きい水銀で濡れた状態で保たれているので，チャタリングは発生しません．

しかし，環境問題から水銀は全廃の動きですので，今後使用することはないと思いますが，古い製品を修理する場合などで見かけることがあるかもしれません．

一応は知識として知っておくとよいでしょう．

コモンセンス㉚
RSフリップフロップでキャンセルする

図14 のように，RSフリップフロップを使用する方法があります．

通常は，NC側の接点がGNDに引かれてLowになっていますからLowが出力されています．ここでSWがNO側に倒れる途中では，NC側の接点はHighになりますが，RSフリップフロップの出力は依然Lowを保ちます．そして，NO側の接点がLowになった瞬間，RSフリップフロップが反転してHighを出力します．一度RSフリップフロップがHighになると，今度はNC側の接点がLowになるまで，出力はHighを維持します．このような動作によるため，使用するスイッチがBreak Before Makeタイプ，つまり片側の接点がオープンになってからもう一方の接点がクローズするタイプの両接点であることが必要です．

コモンセンス㉛
CRによる積分回路で チャタリングをキャンセルする

図15 のように，CR積分回路とシュミット・トリガ入力を利用する方法があります．このCR積分回路を用いた回路は，スイッチのON/OFFを，CRの時定数でなまらせてしまいます．その結果，チャタリングによる細いパルスがキャンセルされることになります．

CR積分回路で出力をなまらせているので，シュミット・トリガ入力のゲートによってノイズ耐性を確保しています．

図13 スイッチが ON/OFF するときにチャタリングが発生する

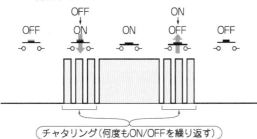

チャタリング（何度もON/OFFを繰り返す）

図14 RSフリップフロップを用いたチャタリング・キャンセル回路
両接点のスイッチが必要になる

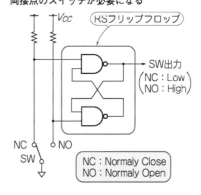

RSフリップフロップ

SW出力
（NC：Low
NO：High）

NC　　NO

SW

NC：Normaly Close
NO：Normaly Open

図15 積分回路とシュミット・トリガによる
チャタリング・キャンセル回路

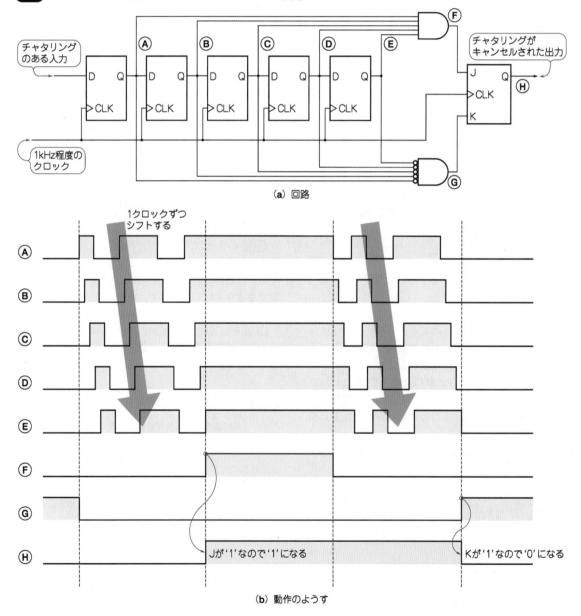

図16 シフトレジスタを用いたチャタリング・キャンセル回路

(a) 回路

(b) 動作のようす

コモンセンス㉜
ロジック回路で
チャタリングをキャンセルする

前述の積分回路とシュミット・トリガを，FPGAなどの内部のロジック回路で実現することができます．これはマイコンのソフトウェアでも実現できます．

FPGAなどの内部ロジックでチャタリングをキャンセルする場合，シフトレジスタを用いる方法と，アップダウン・カウンタを用いる方法があります．

▶シフトレジスタによる方法

図16はシフトレジスタを用いた方法です．ここでは5段のシフトレジスタを使用していますが，段数は必要に応じて増減させます．

クロックのたびに入力がシフトレジスタ内で順次シフトしていきますから，チャタリングが生じている期間はシフトレジスタ内には '0' と '1' が混在した状態になります．チャタリングが収束すると，シフトレジスタの各レジスタはすべて '1' か '0' になるので，JK フリップフロップによってレジスタがすべて '1' なら出力を '1' に，すべて '0' なら出力を '0' にします．

▶アップダウン・カウンタによる方法

リスト1は，アップダウン・カウンタを用いる方法です．チャタリングの継続時間に応じてアップダウ

リスト1 カウンタを用いたチャタリング・キャンセル方法(Verilog HDL)

```
module chatter_reject( X, Q, CLK, CLK1ms, xRST ) ;
  input    X ;       /* チャタリングのある入力信号 */
  output   Q ;       /* チャタリングをキャンセルした出力信号 */
  input    CLK ;     /* マスタ・クロック */
  input    CLK1ms ;  /* 1ms程度のクロック */
  input    xRST ;    /* グローバル・リセット信号（負論理） */

  reg      [3:0] udcount ; /* チャタリング・キャンセル用のアップダウン・カウンタ */
  reg      Q ;

  always@( posedge CLK or negedge xRST )
  if( !xRST ) begin
      udcount <= 0 ;
      Q <= 0 ;
  end
  else begin
      if( CLK1ms == 1 && (udcount != 0 && udcount != 4'Hf || Q != X )) begin
      /* アップダウン・カウンタが上限または下限値でない場合か
         入力が変化した場合には1msごとにカウントする */
        if( X == 1 )
            udcount <= udcount + 1 ;
        else
            udcount <= udcount - 1 ;
      end
      /* アップダウン・カウンタが上限または下限値の場合
         出力を変化させる */
      Q <= ( udcount == 4'Hf )? 1: (( udcount == 0 )? 0 : Q ) ;
  end ;
endmodule
```

図17 カウンタを用いたチャタリング・キャンセル方法の動作

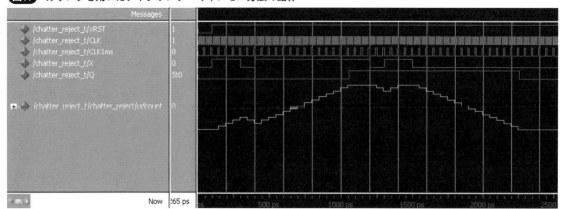

ン・カウンタの語長や，1 ms程度のクロック（CLK1ms）の周波数を調整します．

図17は動作のシミュレーションです．

まず，カウンタの値が‘0’で，入力Xと出力Qがともに‘0’なのでアップダウン・カウンタは停止しています．次に，入力Xが‘1’になって，出力Qと一致しないのでアップダウン・カウンタがカウントを始めます．

一度アップダウン・カウンタがカウントを始めると，クロックのたびに，入力が‘1’であればカウントアップ，‘0’の場合はカウントダウンします．カウンタの値が下限値か上限値に達したところでアップダウンを停止させます．このカウンタの値が下限値なら出力を‘0’，上限値なら出力を‘1’として，中間の値の間は以前の値を保持します．たとえば，入力が‘0’から‘1’に変わるとき，チャタリングにより途中で何度も‘1’と‘0’を繰り返します．するとカウンタは増減を繰り返し，中間の値になり，以前の状態を保持します．

コモンセンス㉝
スロープが緩やかな入力信号はシュミット・トリガで受ける

図18の信号Aのように，急峻にエッジが変化する信号の場合にはノイズによる影響はほとんど受けません．しかし，信号Bのように緩やかに入力が変化する場合，入力が‘0’と‘1’を判定するスレッショルド

付近の電圧になっている時間が長くなります．このような信号ではノイズが重畳してスレッショルドを何度も横切ります．このためメカニカル接点のチャタリングと同様な現象になってしまいます．

したがって，このようにスロープが穏やかな信号を入力する場合はシュミット・トリガ（Schmitt triger）入力で受けるようにします．

シュミット・トリガの場合，入力がLowからHighへ変化するときの閾値（V_{thH}）と，HighからLowへ変化するときの閾値（V_{thL}）があります．入力がLowからHighへ変化する場合には，閾値（V_{thH}）を越えないと入力がLowからHighへ変化したと認識されません．ひとたび入力がHighへ変化したと認識されると，今度は閾値（V_{thL}）を下回らないと入力がHighからLowへ変化したと認識されません．

これによって，ノイズが重畳しても誤動作を避けることができます．

コモンセンス㉞
クリック感のあるロータリ・エンコーダのA相とB相は対称ではない

クリック感のあるロータリ・エンコーダは，A相とB相のどちらかが変化する位置とクリックの位置がほぼ一致している場合があります．たとえば**図19**の場合，クリック感のある位置がB相のエッジとほぼ一致しています．このようなロータリ・エンコーダでは，つまみから手を離した瞬間に，クリック感を出すためのばねでB相がもう一度変化してしまいます．したがって，A相の変化で回転を検出してB相で回転の向きを判定します．

これをA相とB相を逆にして使用すると，クリック感のばねでB相が戻ったことが回転として検出され，1カウントぶん値が戻ってしまいます．

〈森田 一〉

図18 スロープが緩やかな入力信号はシュミット・トリガで受ける

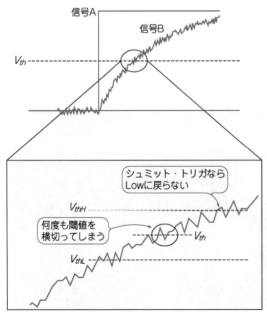

信号A
信号B
V_{th}

シュミット・トリガならLowに戻らない
V_{thH}
何度も閾値を横切ってしまう
V_{th}
V_{thL}

図19 クリック感のあるロータリ・エンコーダの出力

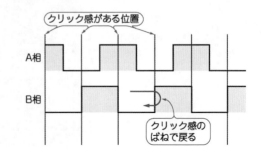

クリック感がある位置
A相
B相
クリック感のばねで戻る

第3章

ICで作れない回路はこのデバイスで対応できる

トランジスタ活用のコモンセンス

3-1 個別に配置したほうが便利な場合がある ディスクリート・トランジスタの使われる場所

コモンセンス㉟ IC化していないことがメリットになる場合がある

ディスクリート(discrete)は,「別個の」「分離」と訳すことができます.

部品をわざと個々に分離させて使えるほうが有利な場合があります(図1).

▶電圧や電流の増強

ICは電源電圧が,ある一点か,ある限定された範囲に決まっています.パワーICでなければ出力電流もそう大きくはありません.ICの機能は最適なのに,電源電圧が違ったり,出力電流が小さいために負荷を駆動できなかったりします.このようなとき,定格のより大きなICを採用しなくても出力にトランジスタを外付けすることでICと異なる電圧と大きな電流を扱うことができます.

▶発熱源やノイズ源の分離

ICの宿命で,集積度が上がるほど,つまりは単位面積あたりの機能が高度化するほど狭い面積に多くの回路が集まります.小信号と大信号,高精度回路と発熱源など,「仲の悪い同士」が一緒になるということも起こります.もちろんIC単体としてはその辺の問題もクリアしているはずですが,実装状態や配線の引き回し,電源のバイパスなどに注意を払わねばなりません.ICが高電圧・大電流を扱える仕様でも,全体の性能を上げるためには外付け回路に電力やノイズ源を分担したほうが良い場合もあります.

図1 IC化しないことの利点

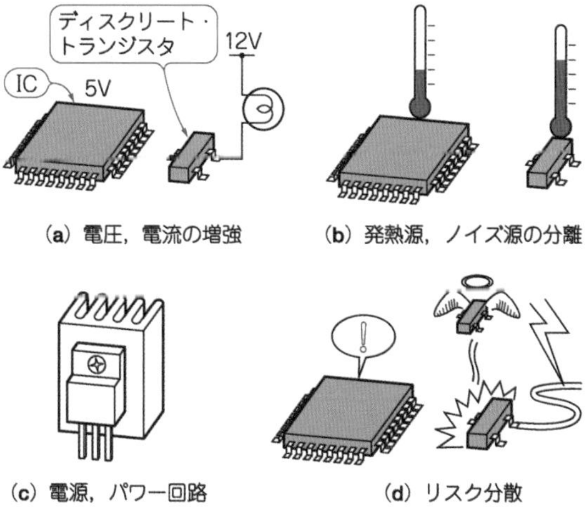

(a) 電圧,電流の増強　(b) 発熱源,ノイズ源の分離　(c) 電源,パワー回路　(d) リスク分散

▶電源・パワー回路

高電圧,大電流,ハイ・パワーを扱うためにはディスクリートのトランジスタを使用せざるを得ません.また,小パワー回路でもディスクリートの出番があります.ICは決まった電源電圧で動くものがほとんどです.電源回路や電源監視回路は変動するACラインや電池の電圧で動作する必要があります.ディスクリートのトランジスタは上限を越えなければ何Vで使うかは自由です.電源電圧が変化しても機能するような回路も構成できます.

▶リスク分散

ケーブルで外部と接続されるインターフェース回路は短絡など取り扱い不良,静電気や落雷などによるダメージの危険性にさらされています.もしケーブルの接続先が他の回路ブロックを集積したICだった場合,インターフェース回路の破壊時に重要な回路ブロックが巻き添えになってしまう恐れがあります.ディスクリート回路をインターフェース用に外付けにして心臓部と分離すれば障害時にも安全性が高まります.

● ディスクリート・トランジスタの応用例

ディスクリート・トランジスタの応用例を紹介します.走行用の高出力モータの駆動にはディスクリートのトランジスタ,または,トランジスタ・モジュールを使うでしょう.しかし,小型~中型のモータであればディスクリート・トランジスタ以外の選択肢としてドライバ専用ICも浮上します.

回路のイメージ図中に,ディスクリート・トランジスタの応用例を書き込みました(図2).全体を見渡

図2 あるシステムで使われているディスクリート・トランジスタ
ICをつなぎ合わせる設計が主流の時代になったが、ディスクリート・トランジスタでなければできないところもな多い

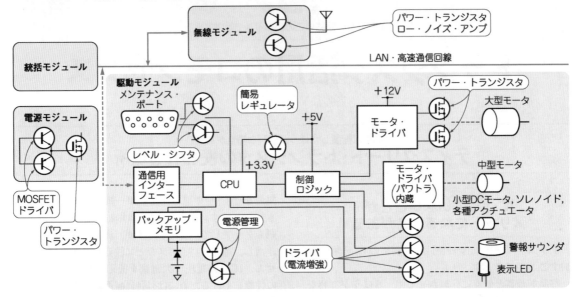

すと，以下のような部分にディスクリート回路の出番がありそうです．

- ●ICで扱いにくい大電力，大電流，高電圧の回路
- ●二つ以上の電源電圧が入り混じる部分や，二つの電源電圧間の橋渡し部分
- ●＋5Vや＋3.3Vなど決まった電源電圧に安定化される手前の回路や，安定化のための回路そのもの
- ●パワーON，OFF時や異常時など不確定な電源電圧で動作しなければならない回路

- ●他の回路部分と分離しなければならない部分

意外な側面としては，小型化が得意なはずのICよりも実装面で有利な時があります．ICは，機能を満たしていても集積している回路や端子数が多く大型だったりするのに対し，トランジスタは最小ピン数である3ピンの小型パッケージで済むからです．

単体のトランジスタに最小限必要な抵抗を集積化した抵抗入りトランジスタ（デジトラ）は定番です．

〈佐藤 尚一〉

トランジスタの電気的特性ミニ・ガイド　　　　column

トランジスタの「電気的特性」の一部を **表A** に示します．

表A バイポーラ・トランジスタの直流電流増幅率や高周波特性など

項　目	記　号	単位	内　容
直流電流増幅率	h_{FE}	－	ベース電流とコレクタ電流の比（コレクタ電流＝ベース電流×h_{FE}）．大きいほどベース電流が小さくて済む．
トランジション周波数	f_T	Hz	h_{FE} が1になる周波数．高いと高周波まで扱える．
コレクタ出力容量	C_{ob}	F	コレクタ-ベース間の静電容量．小さい方が高周波で有利．
ベース拡がり抵抗	$r_{bb'}$	Ω	ベースの直流抵抗．小さいほうが，高周波で有利な上ノイズが小さい．
雑音指数	NF	－	出力信号と入力信号の信号雑音比．小さいほうがノイズが小さい．
コレクタ-エミッタ間飽和電圧	$V_{CE(sat)}$	V	トランジスタを完全にONしたときのコレクタ-エミッタ間電圧．小さいほうがON時の電力損失が小さい．

3-2

用途に合わせて多様なパッケージで供給される

バイポーラとFETがある

単純にトランジスタというと，バイポーラ・トランジスタ（Bipolar Junction Transistor；接合型トランジスタ）を指します．広義では電界効果トランジスタ（Field Effect Transistor）などもひとまとめにしてトランジスタと呼びます．

電界効果トランジスタにはMOS型と接合型があります．さらに，ハイパワーのスイッチング用途によく使用されるIGBT（Insulated Gate Bipolar Transistor）や高周波用のHEMT（High Electron Mobility Transistor）など，トランジスタと名称につく半導体デバイスは数多く存在します．

ここでは，バイポーラ・トランジスタと電界効果トランジスタ（以下FET）について説明します．

― コモンセンス㊱ ―

トランジスタにはN型とP型がある

バイポーラ・トランジスタはN型とP型の半導体を順番に3層重ねた構造をしています．順番によってNPN型とPNP型の2種類が存在します（図3）．これら，二つの型は電圧と電流の関係が正反対です．ただし，NPN型は＋（プラス）電源用，PNP型は－（マイナス）電源用というわけではありません．

FETにも同様にNch（Nチャネル），Pch（Pチャネル）の二つの型があります（図4）．

すべての品種に対してコンプリメンタリ（相補性：同じ特性のNPNとPNP，NchとPch）の製品がラインナップされているわけではありません．

図3 バイポーラ・トランジスタには電圧と電流の向きが正反対の二つの型（NPNとPNP）がある

（a）NPN型バイポーラ・トランジスタ

（b）PNP型バイポーラ・トランジスタ

図4 MOS型電界効果トランジスタにも極性違いの型（NchとPch）がある

（a）NチャネルMOS型電界効果トランジスタ

（b）PチャネルMOS型電界効果トランジスタ

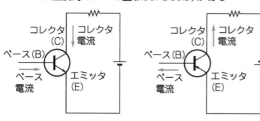

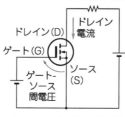

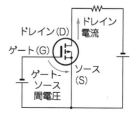

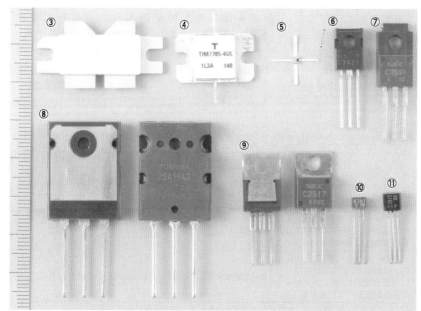

写真1 トランジスタの外観
パッケージにはJEITAで定められた呼称がある
小信号表面実装（①SC-70，②SC-59），小信号リード付き（⑩MINI，⑪TO-92），低周波パワー用リード付き（⑥TO-126⑦TO-220（絶縁型）⑧TO-3P（L）⑨TO-220）
高周波用表面実装は特殊なパッケージのため，メーカ独自のパッケージ名を示す
③NI-860C3（フリースケール・セミコンダクタ），④2-11-1B（東芝），⑤GD-9（三菱電機半導体）

コモンセンス㊲
電圧，電流，電力，周波数，パッケージで大まかに分類できる

扱うことのできる電圧と電流，トランジスタ自体が消費する電力，動作の上限周波数によって大体の性格が決まります．パッケージはペレット（半導体チップ）を入れる入れ物で，これで外形が決まります．

その他，重要な特性値もありますが，後述します．

写真1 にトランジスタの外観を示します．

コモンセンス㊳
2SA/2SC は高周波用，2SB/2SD は低周波用だった

国産のトランジスタには JEITA で定められた 表1 のような命名方法があります．2SA，2SC ＝高周波用，2SB，2SD ＝低周波用という分類がありますが，現在ではこの分類にとらわれる必要はありません．2SA，2SC 型でも低周波や直流用途にごく普通に使われています．2SB，2SD 型についても高周波用と互角の製品があります．FET には 2SK ＝ N チャネル，2SJ ＝ P チャネルという分類がありますが，型名による「高周波用」，「低周波用」の分類はありません．

最近は独自の命名による製品も増えています．特にトランジスタに数本の抵抗を内蔵したデジトラや小型パッケージの製品に増えています．

コモンセンス㊴
パッケージには各メーカ独自の呼称がある

トランジスタの外形である「パッケージ」にも JEDEC などで規定された寸法と名称があります．例えば小信号トランジスタとして有名な 2SC1815 は JEDEC 規格の TO - 92 というパッケージです．データシートには JEITA の規格である SC - 43 と東芝独自の呼称 2 - 5F1B が併記されています．

公的機関によって定められたパッケージ名称に加え

表1 JEITA が定めたトランジスタの名称
現在ではこの分類にとらわれる必要はない

型名：例) <u>2</u> <u>S</u> <u>C</u> <u>1815</u> <u> </u>
　　　　①　②　③　④　　⑤

①数字1桁：電極数－1（リード線の本数ではない）
②S　③アルファベット1文字：構造，用途を表す
④数字：11〜4桁：登録順に付与
⑤アルファベット1文字："改良品"を表す

表2 トランジスタのパッケージには通常は公的機関で定められた名称とメーカ独自の呼称がある

JEITA 呼称	SC - 70	SC - 59
概略ボディ寸法 [mm]	2.00 × 1.25 × 0.90	2.90 × 1.50 × 1.10
東芝セミコンダクター	USM (SC - 70) [1]	S - Mini (SC - 59) [1]
NEC エレクトロニクス	SC - 70 (SSP) [1]	SC - 59 (Mini Mold) [1]
ルネサス テクノロジ	CMPAK	SC - 59, MPAK [2]
三洋半導体	MCP	CP
松下電器産業	SMini3 - G1	Mini3 - G1
ローム	UMT3	SMT3

[1] 括弧は参考資料中に併記されていた名称
[2] ルネサス テクノロジの MPAK はリード寸法などが SC - 59 と若干異なる

メーカ独自の呼称があるのが普通です（ 表2 ）．同じパッケージ名称であっても微妙にサイズが違う場合があるので仕様書などで個別に確認する必要があります．

また，トランジスタでは，パッケージが変わると型名も変わります．ラインナップ表などで調べましょう．

コモンセンス㊵
同じパッケージでも同じピン配置とは限らない

実験時などによく失敗しがちですが，同じパッケージでもピンの配置が違うものが存在します（ 図5 ， 表3 ）．同じメーカの同系列の製品であってもピン配置が違う場合があるので必ずデータシートで確認して使います．

〈佐藤　尚一〉

図5 リード付きパッケージのピン配置

表3参照

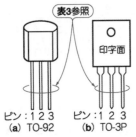

ピン：1 2 3　　　ピン：1 2 3
(a) TO-92　　　**(b)** TO-3P

表3 パッケージが同じでもピン配置は用途や品種によって異なる

用　途	品名例	1 ピン	2 ピン	3 ピン
汎用小信号（TO - 92 など）多数派のピン配置	2SC1815（東芝）	E（エミッタ）	C（コレクタ）	B（ベース）
高 f_t	2SC3512（ルネサス）	B	E	C
高速スイッチング（高周波，高速の製品にはパターンの引き回しなどを考慮し特殊なものが多い）	2SC2901（NEC）	E	B	C
パワー用（TO - 3P TO - 3P(L)，TO - 220 など）印字面から見たピン配置が 2SC1815 と正反対のものが多数派なので注意する	2SC5200（東芝）	B	C	E

小信号でも TO - 92 類似のパッケージで 2SC1815 と正反対の配置のものがある

3-3

最大定格とディレーティング
壊さず安心して使うために

コモンセンス㊶
扱える電圧，電流，電力には限界がある

　トランジスタのみならず，部品を選ぶうえでまず必要なのは，壊さないことです．最大定格は壊さないための限界値です．「いかなる使用条件，または試験条件でも越えてはならない限界値であり，同時に2項目以上を満たすことはできない」と規定されています（**表4**，**図6**）．

　コレクタ損失（P_C），コレクタ電流（I_C），コレクタ-エミッタ間電圧（V_{CB}）についてそれぞれ最大定格が定められていますが，$P_C = I_C V_{CB}$ の相互関係があるので，単独で考えることはできません．パワー用途の製品では横軸に V_{CB}，縦軸に I_C を取った"安全動作領域"が規定されています．

コモンセンス㊷
短時間ONの限界を示す「安全動作領域」

　図7 は「安全動作領域」の記述例です．通電時間が長いほどコレクタ電力 P_C は控えめにする必要があ

ります．同様にコレクタ-エミッタ間電圧 V_{CB} が高いときも「2次降伏」を避けるためコレクタ電力 P_C は控えめにしなければなりません．2SC5200の I_C の最大定格は 15 A ですが，通電時間が 10 ms 以下であれば条件によって 30 A まで流すことができるような記述になっています．「いかなる条件でも越えてはならない」というくだりに関して矛盾しているように見えます．このようなデータシート類の疑問点については使う側の都合の良い判断をすることは禁物です．より制限の厳しい側を採用すればよいはずですが，各メーカで個別の考えかたがあるので注意事項や関連資料などでよく確認する必要があります（2SC5200のデータシートでは「最大定格」の欄に注意事項がある）．

コモンセンス㊸
温度が上がると限度値が低下する

　I_C と V_{CB} を同時に考慮してもまだ不十分で，T_C（ケース温度）= 25℃ という条件に注意します．コレクタで電力を消費すると温度が上がるからです．

　図8 は，ディレーティング曲線の例です．ケース

表4　壊さないための限界値…最大定格
「いかなる使用条件，または試験条件でも超えてはならない限界値であり，同時に2項目以上を満たすことはできない」と規定されている

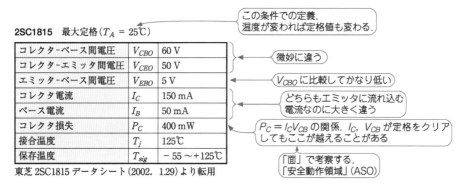

2SC1815　最大定格（T_A = 25℃）

コレクタ-ベース間電圧	V_{CBO}	60 V	この条件での定義． 温度が変われば定格値も変わる．
コレクタ-エミッタ間電圧	V_{CEO}	50 V	微妙に違う
エミッタ-ベース間電圧	V_{EBO}	5 V	V_{CBO} に比較してかなり低い
コレクタ電流	I_C	150 mA	どちらもエミッタに流れ込む 電流なのに大きく違う
ベース電流	I_B	50 mA	
コレクタ損失	P_C	400 mW	$P_C = I_C V_{CB}$ の関係．I_C，V_{CB} が定格をクリアしてもここが越えることがある
接合温度	T_j	125℃	
保存温度	T_{sig}	−55～+125℃	「面」で考察する． 「安全動作領域」（ASO）

東芝 2SC1815 データシート（2002. 1.29）より転用

図6　最大定格の測定法
図は値の定義を表すもので，実際の測定はもう少し工夫を要す．抵抗は定義上は必要ないが，電流を制限する必要があるという意味で記述した

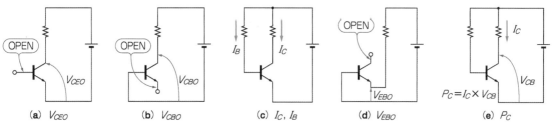

（a）V_{CEO}　　　（b）V_{CBO}　　　（c）I_C, I_B　　　（d）V_{EBO}　　　（e）P_C

温度が上がるほど消費電力の最大値を抑えなければいけません. 自己発熱によってケース温度は上がります.

コモンセンス㊹
周囲温度と消費電力から内部のチップ温度を推測できる

ここで, ケース温度(T_C)という言葉が出てきました. データシートを見回すとほかに「周囲温度」(T_A)と「接合温度」(T_j)という言葉が出てきます. これらの意味は言葉とおりで, ケース(パッケージ)の温度, 周囲の温度(気温), 接合部の温度(ペレットの温度)です.

熱は温度の高いほうから低いほうへ移動するので発熱部であるトランジスタのペレットに近いほど温度が高くなります. 各部には「熱抵抗」いうものが存在し, 熱の流れと熱抵抗の積で温度差を生じるとみなします. このことは, 周囲温度が25℃であっても内部はもっと高い温度であるということを意味します. 半導体を壊さないためには接合温度を定格内に抑える必要がありますが, 周囲温度を低くしても熱抵抗のせいで肝心な接合温度が低くならない恐れもあるのです.

コモンセンス㊺
ケースと雰囲気間の熱抵抗を放熱器で下げる

熱抵抗の中で最も大きい箇所はケース-雰囲気間です. このため, 裸(単体)のトランジスタでは自己発熱による温度上昇を見込んで$T_C = 25$℃での最大定格よりもはるかに小さなP_Cで使う必要があります.

ケースと雰囲気間の熱抵抗を下げるため, TO-3P型などのパワー・パッケージにはねじ止めのための穴があいており放熱器を取り付けて使うようになっています. この際, 単純に放熱器をトランジスタにねじ止めしただけではケースと放熱器の間の熱抵抗が大きいため, 専用のシリコーン・ラバー・シートなどを介して止めます.

図8 ディレーティング・カーブの例(ルネサス テクノロジ, 2SK2220データシートから)
$T_C = 25$℃から80℃にかけて, 最大P_{ch}(P_Cに相当)は半減してしまう

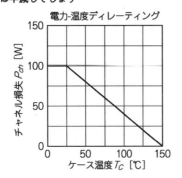

電力-温度ディレーティング

図7 安全動作領域の例(東芝, 2SC5200データシートから)
通電時間が長いほどI_C, V_{CE}を小さく抑える必要がある. T_C(ケース温度)$= 25$℃という条件に注意. 実動時は室温が変わるだけでなく, 素子の発熱により上昇する. 温度条件を見込んだ設計(ディレーティング)が必要である

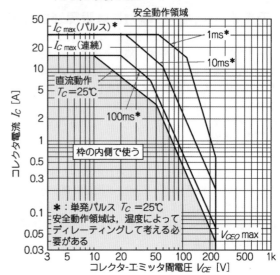

安全動作領域

パワー・トランジスタの放熱面は金属が露出していていることが多く, その場合は内部でコレクタやドレインなどと接続されています. シリコーン・ラバー・シートはトランジスタと放熱器の間の電気絶縁も兼ねています. 以前からのやりかたで, シリコーン・ラバー・シートの代わりにマイカ(雲母)の薄板にシリコーン・グリスを塗りつけて使う方法があります. 最近, パソコンのCPU用として売られているシリコーン・グリスには熱抵抗を下げるため銀などの金属粉を含むものがあるので, トランジスタに使う場合, 絶縁性のチェックが必要です.

コモンセンス㊻
つまるところは最大定格から余裕をもって使う

少し難しくなってしまいました. まとめて言えば最大定格一杯では使うことができないので余裕をもって使う, 発熱する場合は冷やす(放熱する)ということです. ただし『過ぎたるは及ばざるがごとし』というように大きければ良いというわけではありません.

本格的に品種を選択するためにはたくさんの特性項目を検討する必要があります. それでは面倒なので最小公倍数的にすべてが優れた製品をあてがえばうまくいくかというと, そう簡単ではありません.

一般的に大電力用のものは周波数特性が悪い, 高周波まで使えるものは耐圧が低いなど得手, 不得手があるのが普通です. 〈佐藤 尚一〉

3.4

各種ドライバからバッファ・アンプまで
ディスクリート・トランジスタの応用例

● LEDドライバ回路

図9 はLEDの駆動電流をON，OFFするドライバ回路です．制御用の小電力の信号で大きな電力をON，OFFできます．（a）のLEDのほか，（b）のリレーや圧電スピーカなど様々なものに応用できます．リレーのコイルのような誘導性の負荷を駆動する場合は，OFF時に生じる高電圧(逆起電力，キックバック電圧)を避けるため(b)のD_1ように負荷に並列にダイオードを入れます．R_1，R_2に相当する抵抗を内蔵した製品を各社で取り揃えているので，それを使えばトランジスタ1個で済みます．

● レベル・シフタ

図9(c) のように抵抗を負荷にすれば，0～5Vのロジック入力電圧レベルを12～0Vの出力電圧レベルに変換することができます．論理は反転します．スイッチングの速度は遅く，この回路構成で高速ロジックIC並みの速度を得ることは困難です．

● 簡易電源回路

図10 は5Vの入力電圧から3.3Vの出力電圧を作り出す簡易電源回路です．出力電圧は入力電圧をR_1とR_2で分圧することで作られ，入力電圧が変化すると出力電圧も変化します．入力電圧の5VをレギュレータICで安定化すれば出力電圧もそれなりに安定します．利点は，ツェナー・ダイオードなど若干特殊な部品を使用しなくても済むうえ，素子数が少ないため低雑音です．R_2を取り除いたものは「リプル・フィルタ」といい，単にノイズを低減する目的で使用します．

● MOSFET駆動回路

図11 はパワー・スイッチング素子として代表的なパワーMOSFETの駆動回路です．負荷に流れる電流をON/OFFします．

ゲートは酸化膜で絶縁された構造なので直流は流れません．しかし，コンデンサと等価なので過渡的に大きな充放電電流が流れます．双方向の電流を流すためNPNとPNPの二つのトランジスタを組み合わせて使います．NPNとPNPで特性の絶対値が同じとみなせることをコンプリメンタリ(相補性)であるといい，バッファ部の回路をコンプリメンタリ・シングル・エンデッド・プッシュ・プル回路(コンプリメンタリSEPP回路，または単にSEPP回路)と言います．

負荷電流をON/OFFするためには充分な電圧振幅でゲートを駆動しなければなりません．ゲートの駆動電圧はバッファ回路の電源電圧を上げても変わらず，前段の駆動電圧で決まります．**図12** ではレベル・シフターを設けてあるので駆動電圧が高く取れます．

● バッファ・アンプ

図13 はOPアンプの出力電流を増強する例です．見た目はMOSFETドライブ回路のバッファと同じです．しかし，MOSFETドライブ回路がONかOFFだけのスイッチング動作であったのに対し，こちらは中間の電圧も連続して入出力しなければならないので少々勝手が違います．

入力電圧が小さいうちはトランジスタがONしないので出力波形の一部が欠けてしまいます．これをクロスオーバーひずみと言います．**図13** のようにOPア

図10 入力電圧の分圧による電圧を低雑音で得られる

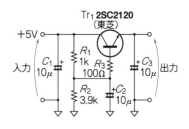

図9 電力が小さい制御用の信号で大きな負荷をON/OFFできる

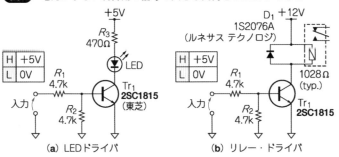

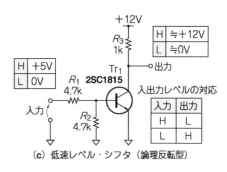

（a）LEDドライバ　　　　　　（b）リレー・ドライバ　　　　　（c）低速レベル・シフタ（論理反転型）

図11 NPN と PNP のトランジスタでバッファを構成しパワー MOSFET を駆動する

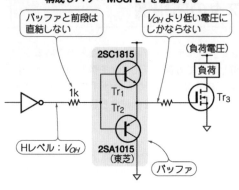

バッファと前段は直結しない

V_{OH} より低い電圧にしかならない

（負荷電圧）
負荷

2SC1815
Tr_1
Tr_2
2SA1015
（東芝）

1k

Hレベル：V_{OH}

Tr_3

バッファ

図12 パワー MOSFET の駆動回路

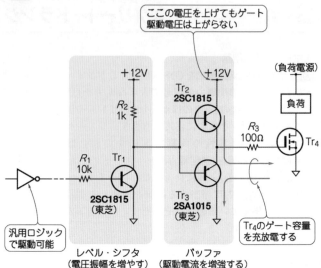

ここの電圧を上げてもゲート駆動電圧は上がらない

（負荷電源）
負荷

+12V

R_2
1k

Tr_2
2SC1815

R_3
100Ω

Tr_4

+12V

R_1
10k

Tr_1
2SC1815
（東芝）

Tr_3
2SA1015
（東芝）

汎用ロジックで駆動可能

Tr_4のゲート容量を充放電する

レベル・シフタ
（電圧振幅を増やす）

バッファ
（駆動電流を増強する）

図13 OP アンプの出力電流を増強する回路

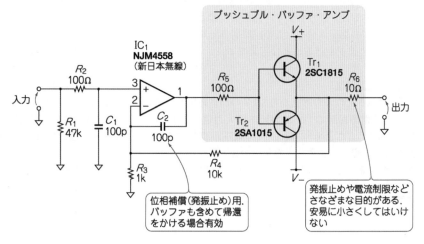

プッシュプル・バッファ・アンプ

IC_1
NJM4558
（新日本無線）

R_2
100Ω

入力

R_1
47k

C_1
100p

C_2
100p

R_3
1k

R_4
10k

V_+

R_5
100Ω

Tr_1
2SC1815

R_6
10Ω

Tr_2
2SA1015

V_-

出力

位相補償（発振止め）用．バッファも含めて帰還をかける場合有効

発振止めや電流制限などさなざまな目的がある．安易に小さくしてはいけない

ンプと組み合わせて使用した場合は負帰還の作用で波形は改善されます．AC駆動を必要とする湿度センサなどの駆動回路，警報音や通信機の音声増幅用など，あまりひずみを気にしない用途には利用価値があります．

クロスオーバーの対策をするには **図14** のようにトランジスタにバイアスを掛けてアイドル電流を流し，トランジスタが両方とも OFF という状態をなくします．いろいろな方法があり，要求に応じた設計ができれば上級者といえましょう．

なお，この回路には出力の保護回路がありません．出力を短絡した場合，過大電流が流れ最悪の場合破壊に至ります．ごく簡単には R_6 の値を大きめに取ることで電流に制限をかけます．

〈佐藤 尚一〉

図14 アイドル電流を流して出力波形のひずみを軽減したバッファ・アンプ

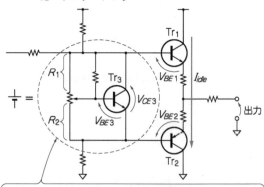

Tr_1

R_1

Tr_3

V_{BE1}

I_{idle}

V_{CE3}

R_2

V_{BE3}

V_{BE2}

出力

Tr_2

無信号時でもTr_1とTr_2のベース-エミッタ間に電圧（バイアス電圧）を加え，電流 I_{idle}（アイドリング電流）が流れるようにする．

$$V_{CE3} = \frac{R_1 + R_2}{R_2} V_{BE3} > V_{BE1} + V_{BE2}$$

第**4**章
繊細なアナログ信号の加工役

OPアンプ活用のコモンセンス

4-1
アナログ信号を扱う基本的なIC
OPアンプの位置付け

ICには，大別してディジタルICとアナログICがあります．OPアンプはアナログICに分類されます．厳密な区別は難しく，人やメーカによって異なったりもしますが，ICを選ぶとき，この二つのどちらになるかを意識しておくことは重要です．

例えば，皆さんがパソコンを買おうとしたとき，まずチェックするのは性能を決めるCPUとメモリ容量ではないでしょうか．

CPUで有名なインテル社のCore2Duoや，サムソン社のDDRメモリなどは，どちらもディジタル信号を扱うICです．

パソコンでレーシング・ゲームなどを快適に楽しみたいときは，グラフィック・ボードを交換したりもします．グラフィック・ボードに使用されている画像処理プロセッサも，ディジタル信号を扱うICです．

CPUやメモリのようにディジタル信号だけを使うICは，ディジタルICに分類されています．

コモンセンス㊼

OPアンプは定番回路で使いこなす

OPアンプとは，差動入力型のアナログ増幅素子です．非常に大きな差動ゲインをもち，負帰還技術と組み合わせることによって種々の回路性能の改善を行うことができます．

▶ ひずみ特性や周波数特性が良い回路を作れる

負帰還技術とは，出力信号の一部をアンプ回路のゲインが小さくなるような形で入力に戻す技術のことで

図1 アナログICの大まかな分類
ディジタルだけで済まなければアナログなので，いろいろなICがアナログICに分類されることになる

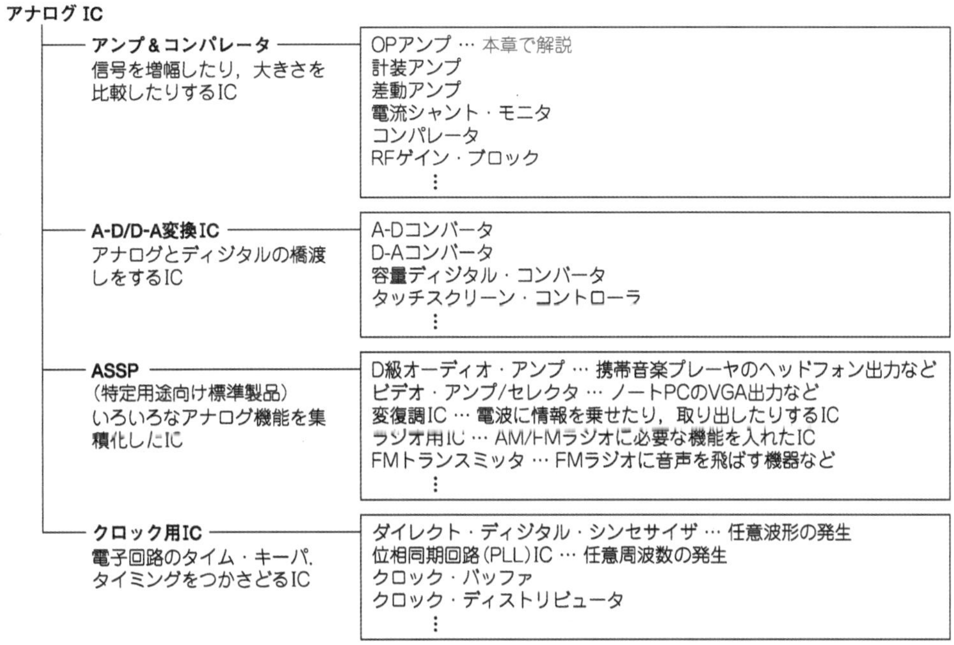

アナログIC

— **アンプ＆コンパレータ** —
信号を増幅したり，大きさを
比較したりするIC

OPアンプ … 本章で解説
計装アンプ
差動アンプ
電流シャント・モニタ
コンパレータ
RFゲイン・ブロック
：

— **A-D/D-A変換IC** —
アナログとディジタルの橋渡
しをするIC

A-Dコンバータ
D-Aコンバータ
容量ディジタル・コンバータ
タッチスクリーン・コントローラ
：

— **ASSP** —
（特定用途向け標準製品）
いろいろなアナログ機能を集
積化したIC

D級オーディオ・アンプ … 携帯音楽プレーヤのヘッドフォン出力など
ビデオ・アンプ/セレクタ … ノートPCのVGA出力など
変復調IC … 電波に情報を乗せたり，取り出したりするIC
ラジオ用IC … AM/FMラジオに必要な機能を入れたIC
FMトランスミッタ … FMラジオに音声を飛ばす機器など
：

— **クロック用IC** —
電子回路のタイム・キーパ，
タイミングをつかさどるIC

ダイレクト・ディジタル・シンセサイザ … 任意波形の発生
位相同期回路（PLL）IC … 任意周波数の発生
クロック・バッファ
クロック・ディストリビュータ
：

図2 **アナログ信号とディジタル信号の違い**
ディジタルでは波形が少々変わっても信号がもっている情報に影響しないので，アナログより扱いやすい

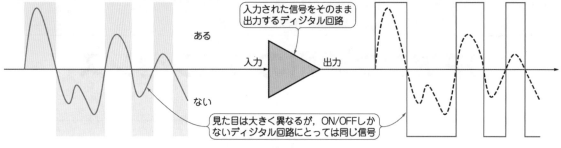

入力された信号をそのまま
出力するディジタル回路

入力　出力

ある

ない

見た目は大きく異なるが，ON/OFFしか
ないディジタル回路にとっては同じ信号

(a) ディジタル

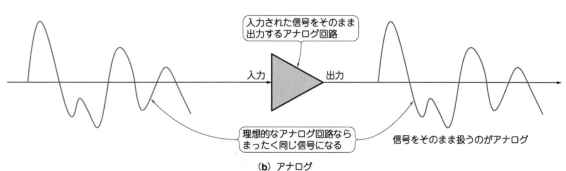

入力された信号をそのまま
出力するアナログ回路

入力　出力

理想的なアナログ回路なら
まったく同じ信号になる

信号をそのまま扱うのがアナログ

(b) アナログ

す．この技術を使うことによって，アンプ回路のひずみ性能や周波数帯域などを改善することができます．

OPアンプがアナログ回路でよく使われる理由は，この負帰還技術と組み合わせることによるメリットが非常に大きいからです．

▶「テンプレート設計」が可能になる

先達の回路研究の結果，現在では種々の定番OPアンプ応用回路が存在します．そのため，回路設計者は，回路集の中から適切なテンプレート回路を選び，OPアンプを選択するだけでいろいろなアナログ信号処理回路を容易に実現することが可能になりました．

定番回路集とOPアンプを使うことで，アナログ回路設計において検討しなければならないパラメータが大幅に減少します．これが，現在のアナログ回路にOPアンプがよく使われる一番大きな理由でしょう．

─── コモンセンス㊽ ───
最も多く使われている アナログICがOPアンプ

数多くのアナログICを大雑把に分類してみたのが **図1** です．この図に示した以外にも，たくさんのアナログICがあります．

多くの場合，A-Dコンバータ，D-Aコンバータのようにアナログ信号とディジタル信号の両方を扱うICもアナログICに分類されます．

ICごとに簡単な機能も併記しておいたので，皆さんの身の回りの製品のなかで使われていそうなICを想像してみるのもよいでしょう．

これらのアナログICのなかで，最も数多く使われているのがOPアンプなのです．

─── コモンセンス㊾ ───
ディジタル処理の前後には アナログICが必要

それでは，アナログICとは何でしょうか．答えは，取り扱う信号の種類にあります．ディジタルICが取り扱うのは， **図2(a)** に示すような「ある規定の電圧がある/ない」というON/OFF情報です．

それに対してアナログICは， **図2(b)** のように，連続的に変化する電気信号そのものを扱います．

ワンセグ対応チューナ内蔵，電子マネー対応などなど…何やらディジタル技術一色のような携帯電話ですが，通信を行うために周波数が2GHzくらいの電磁波（電波）を出しています．

この情報の運び手である電波は，アナログ信号です．この電波を送信/受信するためにアナログICが使われています．

機能ばかりに目が行きがちな携帯電話ですが，アナログICがなければ電波は出ませんし，通話も不可能です．アンテナは1本も立ちません．このように，世の中の電子機器の基本機能を実現しているのがアナログICです． 〈川田 章弘〉

4-2

用途に応じて多種多様な製品がある
OPアンプの分類と外観

── コモンセンス50 ──
OPアンプの応用は必須

OPアンプというICは，アナログ回路の基本デバイスです．皆さんの身の回りで，無段階に変化するからアナログっぽいな…と思えるところには，必ず入っていると思ってよいでしょう．

写真1はパソコン用の高性能サウンド・カードに使われているOPアンプの例です．新日本無線の汎用OPアンプNJM2068が使用されています．

サウンド・カードは，オーディオ周波数帯（数十Hz〜数十kHz程度）のアナログ信号を扱っているので，OPアンプが使われています．

そのほか，テレビやディスプレイなどのビデオ信号（数十Hz〜数十MHz）を取り扱う回路，センサ回路などにも使われています．

センサ回路などと言うと，そんなの知らないよ，という人もいるかもしれません．しかし，皆さんの周りにもたくさんのセンサ回路があります．

体重を量るディジタル表示の体重計，重心の移動を検出できるゲーム機のコントローラ（WiiFitなど）の中にもセンサ回路が入っています．その中で，センサからの信号を処理しているのがOPアンプです．

写真1 製品の中で使われているOPアンプ

これがOPアンプ

── コモンセンス51 ──
OPアンプにも一長一短がある

● OPアンプは適材適所

OPアンプは，いろいろな回路に使われています．そのため，それぞれの応用回路に適した特性をもつ多様なOPアンプが作られています．

OPアンプを特徴の違いから分類したのが**図3**です．それぞれのOPアンプの特徴と一緒に代表的な使用製品例も併記しておきました．皆さんの身の回りにある製品で，どんな種類のOPアンプがどんなところに使われているのか想像してみるとよいでしょう．

▶ OPアンプの分類を車に例えて表現すると…

いろいろなOPアンプが存在することは，いろいろな乗用車が存在する理由に例えられそうです．

乗用車と言っても，ファミリー・カーやスポーツ・カーなど，いろいろな種類の車があることは皆さんよく知っているでしょう．

コスト・パフォーマンスが良くて，そこそこの性能があれば良いという人に，高級車やスポーツ・カーを勧めたりはしないはずです．運転が好きで，アクセルを踏んだときのレスポンスや足回りの安定性を求めている人に，軽乗用車を勧める人もいないでしょう．OPアンプにも，これと同じことが言えます．

OPアンプを車に例えるなら，次のような感じでしょうか．

- 汎用型…………ファミリ・カー
- 高精度型………高級車
- 高速型…………スポーツ・カー
- 低電圧型………軽乗用車
- 高出力型………ワンボックス/トラック

汎用型はファミリ・カーのような存在で，コスト・パフォーマンスが良く，際立った性能はないけれど移動手段としては問題なく使えます．汎用型で十分な回路に，高級車のような高精度型を使う必要はありません．

道が狭い地域で運転が下手だから軽乗用車がよい…と言っている人に，高回転型エンジンを積んだスポーツ・カーを運転させたら事故が起こるかもしれません．低電圧OPアンプを使うべき回路に高速OPアンプを使って動作不良を起こすようなものです．

車選びと同じように，OPアンプを選ぶときにも「回路に要求されているものは何か？」を十分に考え，適切な製品を選ぶ必要があるのです．

これらの分類や用途の違いについては，次節以降で

図3 OPアンプの分類

OPアンプ
- 汎用OPアンプ
  主な使用製品：オーディオ機器などの民生用電子機器など
- 高精度OPアンプ
  主な使用製品：センサ機器，FA（ファクトリ・オートメーション）機器など
- 高速OPアンプ
  主な使用製品：DVDプレーヤ，PCなどのビデオ信号回路，計測機器，携帯電話の基地局など
- 低雑音OPアンプ
  主な使用製品：高級オーディオ機器，計測機器など
- 低電圧・低消費電力OPアンプ
  主な使用製品：携帯音楽プレーヤ，携帯電話などのポータブル機器
- パワーOPアンプ
  主な使用製品：産業用機器（ロボットのアクチュエータやモータ制御回路）

写真2 OPアンプの外観

解説していきます．

── コモンセンス㊾ ──

外観は同じでも1個〜4個入りがある

OPアンプには，**写真2**のようにいろいろな形のものがあります．なかでも，DIPやSOPの8ピンが標準的ですが，SOTのように5ピンのものもあります．

5ピンのパッケージでは，ピン数の関係で1個入りしかありません．

標準的な8ピンのパッケージでは，1個入りか2個入り，どちらかになります．

4個入りだと，最低でも14ピンのパッケージが必要になります．しかし，逆に14ピンのパッケージだからといって4個入っているとは限らず，2個入り，3個入りということもあります．

でも，5個以上入ったOPアンプICというのは聞いたことがありません．

〈川田 章弘〉

反転増幅回路と非反転増幅回路
OPアンプの使いかた

OPアンプは, Operational Amplifier(演算増幅器)の略称です. もともとは, 第2次世界大戦時に砲弾の弾道計算に用いられた電子式アナログ・コンピュータの演算ユニットでした. 現在はIC化され, アナログ信号処理を担う汎用増幅器になっています.

――― コモンセンス㊳ ―――
回路図記号と端子配列は同じ

OPアンプを回路図で表す場合, **図4** のような三角形の記号を使います.

どのOPアンプにも, 図中に示した5個の端子があります. 端子の記号名はメーカによって若干違いますが, 機能は同じです. この5個のほかに, 周波数(位相)補償端子やオフセット・ゼロ調整端子などが付くこともあります.

標準的な8ピンのパッケージの場合, ほとんどのメーカで共通して **図5** の端子配列を採用しています.

――― コモンセンス㊴ ―――
電源の与えかたは2通りがある

電源の与えかたは, **図6** のように2通りあります.

正電源端子には, 正の電源電圧(+3～+15Vぐらい)を与えます. 負電源端子には負の電源電圧(-3～

-15Vぐらい)を与えるか, または接地します. 「接地する」とは, 電源の0V, 回路が動作する基準となるグラウンド(GND)に接続することです.

電源電圧の最大定格はさまざまです. 最大定格の80%以下の電源電圧で使いましょう.

――― コモンセンス㊵ ―――
オープン・ループ・ゲインは
周波数に反比例

二つの入力端子と出力端子の対GND電圧を次のように呼びます.
- 非反転入力電圧 V_{NI}:非反転入力端子～GND間電圧
- 反転入力電圧 V_{INV} :反転入力端子～GND間電圧
- 出力電圧 V_{out} :出力端子～GND間電圧

理想OPアンプは次式が成り立ちます.

$$V_{out} = A_o (V_{NI} - V_{INV}) \cdots\cdots\cdots\cdots\cdots (1)$$

$(V_{NI} - V_{INV})$を差動入力電圧と言います. A_oはオープン・ループ・ゲインと呼ばれる定数で, 簡単にいえば増幅度です. A_oの値はOPアンプの品種によって違い, さらに同じ品種でも大きなばらつきがあります. 直流に近い周波数での A_o は 10^3 倍(60 dB)～10^7 倍(140 dB)程度です.

A_oは, **図7** のように周波数に反比例して減少します. OPアンプはこのような特性になるよう意図的に

図4 回路図記号

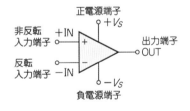

図5 端子配列

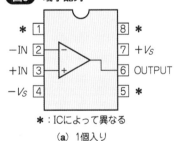

＊:ICによって異なる
(a) 1個入り   (b) 2個入り

図6 電源電圧の与えかた

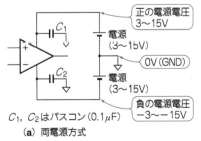

C_1, C_2はパスコン(0.1μF) C_1はパスコン(0.1μF)
(a) 両電源方式   (b) 単電源方式

設計されています.

A_oが周波数に反比例して減る領域では,周波数と(その周波数における)ゲインの積が一定値になります.その値を「利得帯域幅積」（GBP, Gain Bandwidth Product）といいます.

例えば 図7 の A_o は $f = 100$ kHz において100倍ですから,$GBP = 100$ k × 100 = 10 MHz です.

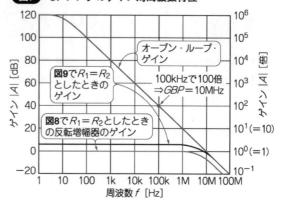

図7 OPアンプのゲイン対周波数特性

オープン・ループ・ゲイン

図9で$R_1 = R_2$としたときのゲイン

100kHzで100倍 ⇒ $GBP = 10$MHz

図8で$R_1 = R_2$としたときの反転増幅器のゲイン

コモンセンス㊶
仮想接地で動作する

式(1)は次のように変形できます.

$$V_{NI} - V_{INV} = \frac{V_{out}}{A_o} \quad \cdots\cdots (2)$$

OPアンプが正常動作しているとき,A_oは非常に大きいので式(2)の右辺はゼロと考えてもよく,

$$V_{NI} - V_{INV} \fallingdotseq 0,\ \text{すなわち}\ V_{NI} \fallingdotseq V_{INV} \quad \cdots\cdots (3)$$

が成り立ちます.

もし非反転入力端子を 図8 のように接地すると,反転入力電圧 V_{INV} も近似的に,

$$V_{INV} = 0 \quad \cdots\cdots\cdots\cdots\cdots (4)$$

となります.反転入力端子は接地していないのに V_{INV} が（ほとんど）0 V になるので,これを仮想接地（virtual ground）と言います.

この考えかたを使うと,OPアンプ回路の動作を簡単に解析することができます.

● OPアンプで作る最も簡単なアンプ

非反転入力端子をGNDに接続し,2個の抵抗を 図8 のように接続した回路を反転増幅器と言います.

図8 では電源の配線とパスコンを省いていますが,実際は 図6(a) のように接続しています.OPアンプ回路はこのような簡略回路図で示すことが多いので,慣れておきましょう.

▶反転増幅器のゲイン

図8 において信号電圧 V_{in} を与えると,R_1 に信号電流 I が流れます.信号電流の一部はOPアンプの反転入力端子からOPアンプ内部に流入しますが,その値は非常に小さいので流入電流は無視できます.

したがって,R_1 に流れる電流 I は全部 R_2 に流入す

ると考えることができ,図中のようにゲイン（利得,増幅度とも言う）が求まります.

V_{in} が＋のときに出力電圧 V_{out} が－に,つまり極性が反転しているので,反転増幅器と呼ばれます.

オープン・ループ・ゲイン A_o は周波数によって変わりますが,反転増幅器のゲインは,図7 中に示したように,A_o とほとんど無関係に決まります.

● 非反転増幅器のゲイン

図8 の回路は,反転入力につながった抵抗に信号を入力しています.

反転入力と非反転入力を入れ替え,非反転入力端子に信号を印加する増幅器（図9）を非反転増幅器と言います.

非反転増幅器のゲイン（V_{out}/V_{in}）を導きましょう.

出力電圧 V_{out} は R_1 と R_2 で分圧され,反転入力端子に印加されるので次式が成り立ちます.

$$V_{INV} = \frac{R_1}{R_1 + R_2} V_{out} \quad \cdots\cdots (5)$$

一方,式(3)と 図9 から次式は明らかです.

$$V_{INV} = V_{NI} = V_{in} \quad \cdots\cdots\cdots\cdots (6)$$

したがってゲインは,

$$\frac{V_{out}}{V_{in}} = \frac{R_1 + R_2}{R_1} \quad \cdots\cdots\cdots (7)$$

となります.

〈黒田 徹〉

図8 反転増幅器

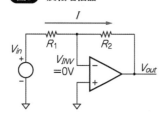

$$I = \frac{V_{in} - V_{INV}}{R_1} = \frac{V_{INV} - V_{out}}{R_2}$$

仮想接地の考えかたを使うと$V_{INV} = 0$なので,

$$\frac{V_{in}}{R_1} = \frac{-V_{out}}{R_2}$$

よって入出力の関係 V_{out}/V_{in} は,

$$\frac{V_{out}}{V_{in}} = -\frac{R_2}{R_1}$$

図9 非反転増幅器

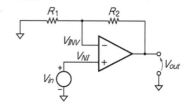

OPアンプを補助するディスクリート部品

● ダイオードは電流を一方向に流す

ダイオードは，もっとも基本的な半導体で，アノードとカソードの2端子をもっています．

図A(a) のように，アノード～カソード間に，カソードが正になるよう電圧を与えると(これを逆バイアスという)，電流はほとんど流れません．正確にいうと，ごく微小な電流が点線で示す向きに流れます．

一方，図A(b) のようにアノードが正になるよう電圧を与えると(これを順バイアスと言う)，実線で示す向きに電流が流れます．電流値は，逆バイアス時よりずっと大きいのですが，それでも0.5 V以下の順バイアス時は微々たるものです．しかし，図A(c) のように，0.6 V付近から目に見えて電流が増えます．順バイアス時のダイオード電圧を順電圧 V_F，順バイアス時のダイオード電流を順電流 I_F と言います．

● ダイオードとOPアンプを組み合わせた回路

図8 (p.46)の反転増幅器の R_2 と並列に2個のダイオードを互いに逆向きに接続すると，図B に示すリミッタ回路(出力電圧の振幅を一定に抑える回路)になります．1N4148は小信号スイッチング用シリコン・ダイオードです．

出力電圧が-0.5 V～$+0.5$ Vの範囲にあるときは，どちらのダイオードも電流がほとんど流れないので，ダイオードはないも同然です．このとき 図B の回路はゲインが-1倍の反転増幅器と同等です．

しかし，入力電圧が± 0.6 V程度になるとダイオードにかなりの電流が流れます．入力電圧がさらに増えると，ダイオードの順電流はどんどん増えます．しかし，アノード～カソード間電圧は，ほとんど増えません．これは，ダイオードの電圧-電流特性 [図A(c)] において，ダイオードの順電流を独立変数(原因)とみなし，順電圧を従属変数(結果)と考えれば，合点できるでしょう．

反転入力端子は仮想接地(0 V)ですから，出力電圧は1N4148の順電圧に等しくなります．

〈黒田 徹〉

図B ダイオードとOPアンプを組み合わせたリミッタ回路

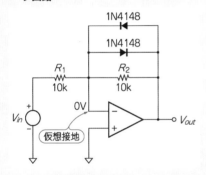

図A ダイオードの静特性

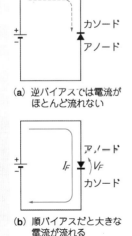

(a) 逆バイアスでは電流が
ほとんど流れない

(b) 順バイアスだと大きな
電流が流れる

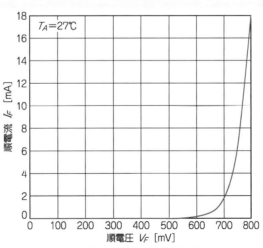

(c) 電圧-電流特性の例(1N4148)

コモンセンス㊗

定番OPアンプは4558

汎用と呼ばれる品種は、そこそこの性能で手ごろな価格です。性能を慎重に検討する必要のないラフな回路によく使われています。

汎用型には昔ながらの定番ICがあります。現在、最も有名なのはRC4558(通称4558)です。このOPアンプのオリジナル・メーカはレイセオン社で、長距離地対空ミサイル パトリオットを製造していることで有名な米国の軍事メーカです。現在では、新日本無線から提供されているセカンド・ソース(他社同等品)のNJM4558のほうが一般的です。

そのほかにも、たくさんの汎用OPアンプがあります。主な汎用OPアンプを 表1 にまとめました。

汎用OPアンプが使われている主な製品としては、オーディオ・アンプがあります。ギターやベースなどの楽器用のエフェクタにも使われています。

コモンセンス㊸

内部構造による向き不向きがある

OPアンプは、そのデバイス構造によってバイポーラ型、JFET(ユニポーラ)型、CMOS型に分類できます。
▶バイポーラ型
一番ベーシックです。内部回路にバイポーラ接合トランジスタを使っています。
▶JFET型
OPアンプの入力段に接合型電界効果トランジスタを使ったものです。信号源のインピーダンスが高い(数十〜数百kΩ以上)回路などに使われます。
▶CMOS型
低電圧・低電流動作が可能なことが特徴です。
ディジタルICにも使われているMOS(Metal Oxide Semiconductor:金属酸化膜半導体)トランジスタを

使ったOPアンプです。MOSトランジスタにはPMOSとNMOSがあり、この両方を使っていることからCMOS(相補型MOS:Complementary MOS)と呼ばれます。同じMOSとはいっても、ディジタルICに比べるとゲインやノイズなどの面でかなり性能の良いトランジスタが使われています。

コモンセンス㊹

五つの基本回路がある

図10 にいろいろなOPアンプ回路の入出力ゲインの式を示しました。この5種類の基本回路を知っているだけでも、いろいろなアナログ信号処理を行うことができます。
▶パスコンを忘れずに
OPアンプには、必ずICの近くにコンデンサ(パスコンと呼ぶ)をつけます。「近く」という意味は、物理的に近くという意味ではなく、電気的に近くという意味です。良い例と悪い例を 図11 に示しました。

〈川田 章弘〉

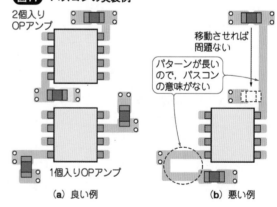

図11 パスコンの実装例

2個入りOPアンプ

1個入りOPアンプ

（a）良い例

移動させれば問題ない

パターンが長いので、パスコンの意味がない

（b）悪い例

表1 主な汎用型OPアンプ

型 名	入力形式	オフセット電圧[mV](代表値)	温度ドリフト[μV/℃](代表値)	バイアス電流[nA](代表値)	入力換算雑音電圧密度(@1kHz)[nV/√Hz](代表値)
NJM4558	バイポーラ	0.5	−	25	9.5
RC4558	バイポーラ	0.5	−	150	8
NJM2068	バイポーラ	0.3	−	150	−
LF412A	JFET	0.5	7	0.05	25
μPC812	JFET	1.0	7	0.05	19
NJM2749A	JFET	0.8	6	0.05	20
OPA2131UA	JFET	0.2	2	0.005	15

図10 OPアンプを用いた定番回路

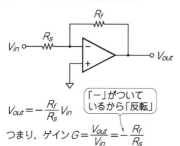

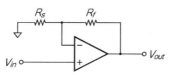

$$V_{out} = -\frac{R_f}{R_s}V_{in}$$

「−」がついているから「反転」

つまり，ゲイン $G = \dfrac{V_{out}}{V_{in}} = -\dfrac{R_f}{R_s}$

（a）反転増幅回路

$$V_{out} = \left(1 + \frac{R_f}{R_s}\right)V_{in}$$

反転していないので「非反転」

つまり，ゲイン $G = \dfrac{V_{out}}{V_{in}} = 1 + \dfrac{R_f}{R_s}$

（b）非反転増幅回路

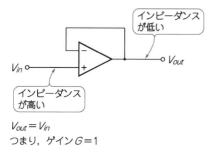

インピーダンスが低い

インピーダンスが高い

$V_{out} = V_{in}$
つまり，ゲイン $G = 1$

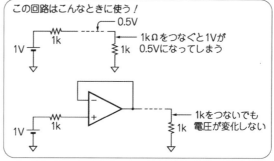

この回路はこんなときに使う！

1kΩをつなぐと1Vが 0.5Vになってしまう

1kをつないでも電圧が変化しない

（c）ボルテージ・フォロワ回路

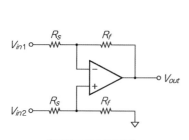

V_{in1}とV_{in2}の差を増幅するので「差動」

$$V_{out} = \frac{R_f}{R_s}(V_{in2} - V_{in1})$$

（d）差動増幅回路（加減算回路）

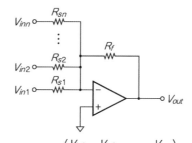

$$V_{out} = -R_f\left(\frac{V_{in1}}{R_{s1}} + \frac{V_{in2}}{R_{s2}} + \cdots + \frac{V_{inn}}{R_{sn}}\right)$$

V_{in} に対するゲインは，それぞれ $-\dfrac{R_f}{R_{sn}}$ で，
それらが加算される

楽器やオーディオ用のミキサに使われている回路

（e）加算回路

GB積 [MHz]（代表値）	スルー・レート [V/μs]（代表値）	推奨電源電圧 [V]	静止時消費電流 [mA]（最大値）	メーカ名	型名
3	1	±15	5.7	新日本無線	**NJM4558**
3	1.7	±15	5.6	テキサス・インスツルメンツ	**RC4558**
27	6	±15	8.0	新日本無線	**NJM2068**
4	15	±15	5.6	ナショナル セミコンダクタ	**LF412A**
4	15	±15	6.8	NEC エレクトロニクス	**μPC812**
2.2	12	±15	5.6	新日本無線	**NJM2749A**
4	10	±15	1.75	テキサス・インスツルメンツ	**OPA2131UA**

4-5 センサ回路に向く高精度型

── コモンセンス⑥ ──
センサには高精度型を使う

● 温度測定回路などのセンサ回路に使われる

DC～極低周波の信号処理には，高精度OPアンプと呼ばれる，温度ドリフトが小さく，低オフセット電圧のOPアンプを使う必要があります．

図12 のフォト・ダイオード用の微小な電流を増幅するアンプや，測温抵抗体を使う温度計測回路などです．

いくつかの代表的な高精度OPアンプを **表2** に示します．この表に載っていない高精度OPアンプもたくさんあります．OPアンプを選ぶときは，表に載っている特性項目に注目して性能を比較します．

── コモンセンス⑥ ──
オフセットはドリフトする

● 計測の邪魔になるオフセット電圧とその温度変化

オフセット電圧とは，ボルテージ・フォロワで入力電圧を0Vとしているときに出力に現れる電圧のことです．温度ドリフトとは，このオフセット電圧が温度によって変動する（ドリフトする）現象のことです．

センサからの微小信号を大きくするためにゲインをとると，オフセット電圧も出力により大きな電圧となって現れます．

DC信号を扱う場合，オフセット電圧は誤差となります．温度ドリフトが大きいOPアンプでは，周囲温度の変化によってオフセット電圧の大きさも変化してしまいます．抵抗体を使った温度計測回路では，温度ドリフトの小さなOPアンプが必須です．測温抵抗体の抵抗値変化にともなう電圧変化より，OPアンプの温度ドリフトが大きな場合，その温度変化の情報は，OPアンプの温度ドリフトによってかき消されてしまいます．

── コモンセンス⑥ ──
高精度を保つためには工夫が必要

● ガード・リング・パターンを使う

基板のパターン間は完全には絶縁されていません．パターン間に電位差があればごく微小ですが電流が流れます．例えば，電源パターンから信号線のパターンに微小な電流が流れ込むことがありえます．高精度型を使う用途では，その微小な電流が誤差となることもあります．

それを防ぐには，**図13** のようなシールド・ドライブが有効です．これをパターン上で実現するために，**図14** のようなガード・リング・パターンを使用することがあります．

図12 高精度OPアンプの応用例…紫外線強度測定回路
出力電圧が小さいので，OPアンプが元からもつオフセット電圧が大きな誤差要因になる．オフセット電圧とドリフトが小さい品種が必要

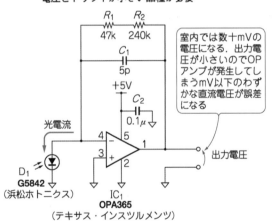

室内では数十mVの電圧になる．出力電圧が小さいのでOPアンプが発生してしまうmV以下のわずかな直流電圧が誤差になる

$100mV/(1mW/cm^2)$
$1mW/cm^2$の紫外線強度で100mVの直流電圧が出力される

表2 高精度型OPアンプの例

型名	入力形式	オフセット電圧 [mV]（代表値）	温度ドリフト [μV/℃]（代表値）	推奨電源電圧 [V]	メーカ名
OP07E	バイポーラ	0.030	0.3	±15	アナログ・デバイセズ
OP1177	バイポーラ	0.015	0.2	±15	アナログ・デバイセズ
OPA277U	バイポーラ	0.010	0.1	±15	テキサス・インスツルメンツ
OPA827A	JFET	－	1	±15	テキサス・インスツルメンツ
AD8610B	JFET	0.045	0.5	±12	アナログ・デバイセズ
OPA333	CMOS	0.002	0.02	±2.5	テキサス・インスツルメンツ

● ICに想定外のオフセットが出ないよう応力をかけずに使う

高精度型を使うときの注意点として，あまり知られていないのが応力（たわみ）の問題です．

ほとんどの高精度OPアンプは，抵抗体としてNiCr（ニッケル・クロム）やSiCr（シリコン・クロム）といった薄膜抵抗体を使い，これをレーザ・トリミングすることで高精度を実現しています．レーザ・トリミングとは，レーザを使って薄膜抵抗体を切り，抵抗値を変化させる技術です．半固定抵抗で調整するのに近いことを半導体上で行えます．

この薄膜抵抗体が曲者で，シリコン・チップが機械的にひずむと抵抗値が変化するのです．この抵抗値の変化は，OPアンプのオフセット電圧の変化につながります．

ICの出荷試験（ファイナル・テスト）は，ICをプリント基板に実装して行っているわけではありません．したがって，OPアンプで保証されているオフセット電圧の仕様はプリント基板実装前の値です．

プリント基板は温度や湿度によって機械的にひずむことがあります．このときICに応力がかかるようなことがあると，本来の性能とは大きく食い違った値になることがあります．

温度や湿度は，季節によって変化しますから，「どうも夏場は動作がおかしい」ということも起こりえます．「嘘だぁ」と思う人は，試しに基板上の高精度OPアンプを強く押してみてください．オフセット電圧が変化するはずです．

この応力による誤差を避けるには，ひずみの少ない基板を選んだり，場合によっては基板にスリットを入れたりします．

〈川田 章弘〉

図13 信号を厳重に保護するためにシールド線をOPアンプ出力に繋ぐ方法がある

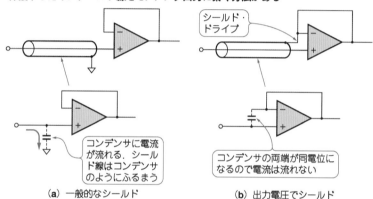

（a）一般的なシールド　　　　（b）出力電圧でシールド

図14 ガード・リングの例

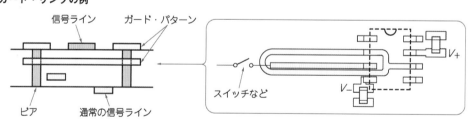

（a）表面層のガード・リング

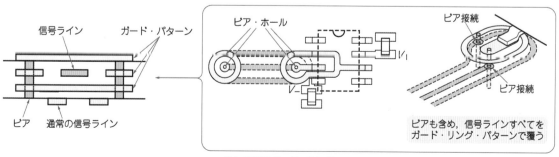

（b）内層のガード・リング

4-6 ビデオ回路や高周波回路に使う高速型

コモンセンス㊿

高周波には高速型を使う

数十MHz以上の周波数帯域の信号を扱うことのできるOPアンプを高速OPアンプと呼びます.

ビデオ帯や高周波回路の中間周波数帯(IF帯)増幅回路などに使われます. 高周波まで特性が伸びている利点を生かして, アクティブ・フィルタ回路などに使われることもあります.

コモンセンス㊿

高速型の性能指標は GBP と SR

いくつかの高速型を 表3 に示します.

一般的には, GB積が大きいアンプほど高周波まで使えると思ってよいでしょう.

高速な電圧変化にどこまで追従できるかを表している指標がスルー・レートです. 高速型では汎用型よりずっと大きな値になっています. 特に大きなスルー・レートが要求される回路では, 電流帰還型と呼ばれる

写真3 裏面に放熱用のパッドがついているものが増えている

裏面の露出した金属部分がサーマル・パッド. 基板を使って放熱するためのもの

タイプが使われます.

▶そのほかの性能指標

ビデオ帯の応用では DG および DP を気にします. この値が小さいほど波形ひずみが小さくなります.

高周波回路の応用では, IP_3 特性などの高調波ひずみ特性に注目します. IP_3 の値が大きいほど大きな信号を扱えます.

コモンセンス㊿

放熱用パッドは最低電位につなぐ

高速OPアンプは, 周波数帯域を伸ばすため内部回路の電流が大きめに設定されていて, 消費電力が大きくなっています. 熱を逃がすために, 写真3 のような放熱用のサーマル・パッドをもつ製品が存在します.

サーマル・パッドは, OPアンプの電源電圧範囲内で最も電圧の低いベタ・パターンに接続するようにします. 図15 のように, シリコン・チップの基板(サブストレート)と電気的に接続されているので, 最も電圧を低く保つ必要があるからです.

SOI(シリコン・オン・インシュレータ)というプロセスが使われている場合, サブストレートは 図16 のようにシリコン酸化膜(SiO_2)によって絶縁されているので, 最低電位である必要はありません.

しかし, SOIに使われるシリコン酸化膜の絶縁耐圧については保証されているわけではないため, 一般的には最低電位への接続が一番安全です.

コモンセンス㊿

入力に直列抵抗を加えて発振防止

高速型で非反転アンプを構成する場合, +入力に数十～数百Ωの抵抗を挿入しておくことをお勧めします. 高域での寄生発振防止に効果があります. 〈川田 章弘〉

表3 高速型OPアンプの例

型 名	入力形式	アーキテクチャ*	オフセット電圧 [mV](代表値)	温度ドリフト [μV/℃](代表値)	バイアス電流 [nA](代表値)	入力換算雑音電圧密度(@1 MHz) [nV/√Hz](代表値)
NJM2711	バイポーラ	VFB	2.0	-	2000	6.8
NJM2722	バイポーラ	VFB	5.0	-	25500	20
OPA842	バイポーラ	VFB	0.3	4(最大値)	20000	2.6
MAX4108	バイポーラ	VFB	1.0	13	12000	6
THS3201	バイポーラ	CFB	0.7	10	14000(+入力)	2.5
LMH6702	バイポーラ	CFB	1.0	13	6000	1.83
OPA656	JFET	VFB	0.25	2	0.002	7

*注▶VFB:電圧帰還, CFB:電流帰還

図15 一般的なICと同じ構造の場合は放熱用パッドが回路内の最低電圧になっている

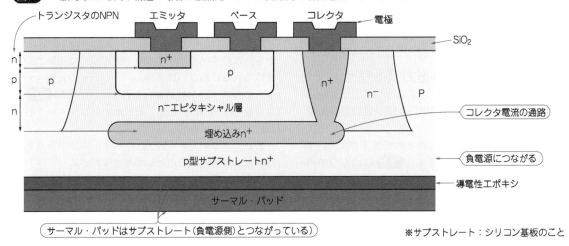

サーマル・パッドはサブストレート（負電源側）とつながっている

※サブストレート：シリコン基板のこと

図16 SOIプロセスの場合は内部回路とサーマル・パッドが絶縁されている

＊STI：Shallow Trench Isolation，素子間隔の短縮に役立つ浅溝型絶縁層

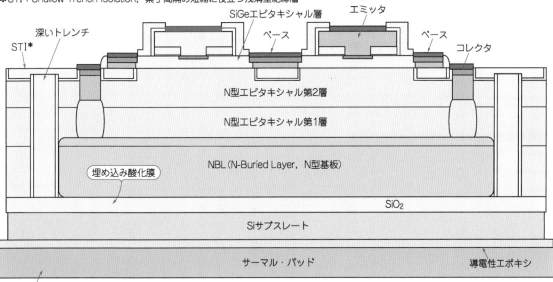

サーマル・パッドは，埋め込み酸化膜があるため素子と絶縁されている．したがって，SiO_2が絶縁破壊しないかぎり，サーマル・パッドはどの電位に接続してもよい

ユニティ・ゲイン周波数 [MHz]（代表値）	スルー・レート [V/μs]（代表値）	推奨電源電圧 [V]	静止時消費電流 [mA]（最大値）	メーカ名
180	260	±2.5	3.4	新日本無線
170	1000	±5	16.5	新日本無線
400	400	±5	20.2	テキサス・インスツルメンツ
400	1200	±5	27.0	マキシム
1800	10500	±7.5	14.0	テキサス・インスツルメンツ
1700	3100	±5	16.1	ナショナル・セミコンダクタ
500	290	±5	14.0	テキサス・インスツルメンツ

4-7
大電流/高電圧を扱える
モータも駆動できる高出力型

コモンセンス㊻
パワー系には高出力型を使う

● モータ(アクチュエータ)駆動や簡易電源回路に使われる

大電流/高電圧を取り扱うことのできるOPアンプをパワーOPアンプと呼びます. **表4** にいくつかの製品例を挙げました.

主な用途は, モータ(アクチュエータ)制御回路や, ボード内での簡易電源回路です. 産業用ロボットのアクチュエータ(モータ)制御や, 半導体製造装置であるステッパ(露光装置)のステージ制御回路などに使われています.

露光(リソグラフィ)というのは, 極端な話, 昔の写真用フィルムの絵を印画紙に焼き付けるのと同じことです. しかし, 半導体製造では複数のフィルム(正確にはレチクルと呼ばれるマスク基板)を使います. し

かも, このすべてのフィルムが同じ位置で正確に焼き付けられなければいけません. そのための位置合わせのためのステージ制御が行われます. ここに **図17** のようなパワーOPアンプを使ったアクチュエータ駆動回路が使われています.

また, パワーOPアンプは, ボード内での簡易電源回路として使われることもあります.

3端子レギュレータによる電源回路と比較すると, パワーOPアンプは電流のシンク(吸い出し)を行うことができるというメリットがあります. したがって, 電圧を一定値以下に抑える回路(クランプ回路)用のバイアス電源で, 電源回路に電流が流れ込む可能性のある場合などにメリットがあります.

3端子レギュレータは電流をはき出す方向にしか動作できないので, 外部から電流が流れ込むと, 電圧が上昇してしまうことすら考えられます.

図17 高出力型(パワーOPアンプ)の応用例

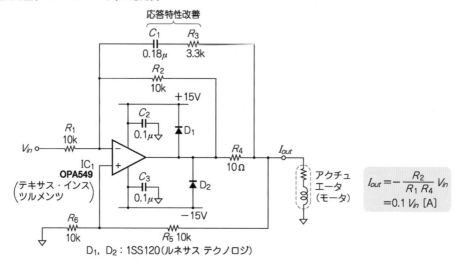

表4 高出力型OPアンプの例

型　名	最大出力電流 [mA]	オフセット電圧 [mV](代表値)	温度ドリフト [μV/℃](代表値)	バイアス電流 [nA](代表値)	入力換算雑音電圧密度(@1kHz) [nV/√Hz](代表値)
OPA549	8000	1.0	20	100	70
OPA454	50 以上	0.2	1.6	0.0014	50
LA6518M	500	2.0	–	100	–
PA08A	150 以上	0.25	5	0.003	–

---- コモンセンス⑱ ----

高出力型は放熱に要注意

● 放熱を考慮したパッケージ

今まで紹介してきた汎用/高精度/高速/低雑音/低電圧OPアンプとは異なり，大きな電力を扱うためパッケージは 写真4 のように大型のものや，サーマル・パッドつきが基本です．

これらの形状は，放熱器，あるいは放熱用のパターンに接続されることを前提にしています．大きいからそれだけで大丈夫，というわけではありません．

パワーOPアンプで消費される電力を計算して，適切な放熱方法を検討する必要があります．

---- コモンセンス⑲ ----

パワーOPアンプは異常動作しやすい

多くのパワーOPアンプの出力段はコンプリメンタリ構成になっていません．これは，製造プロセス上の制約によって大電流出力可能なPNPトランジスタが作れないからです．

出力段の構成は上下対称ではなく，準コンプリメンタリ構成となっています．そのため，電流を吐き出しているときよりも，吸い込んでいるときのほうが出力インピーダンスが高くなります．

この影響によって，電流吸い込み時にOPアンプが発振することがあります．発振対策として，図18 のような帯域制限を行ったり，スナバ回路の挿入が必要な場合があります．

写真4 **パワーOPアンプの代表的な外観**
左はPA08Aと同じCANタイプのLM12CLK，右はOPA549と同じ11TO-220のOPA541

● 電源回路とは設計思想が異なる！

パワーOPアンプは，基本的に電源用ICとは設計思想が異なります．大きな出力コンデンサを駆動する必要がある場合に最適な回路アーキテクチャは，電流出力型のトランスコンダクタンス・アンプとすることです．

しかし，パワーOPアンプのアーキテクチャは電圧出力ですので，大容量コンデンサによって発振する可能性があります．

したがって，大電流を取り出せても，電源用ICとは回路アーキテクチャが異なるという点を考慮して使用する必要があります．　　　　　　〈川田 章弘〉

図18 **発振対策が必要な場合がある**

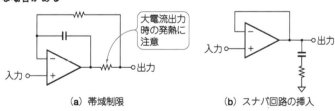

（a）帯域制限　　　　　（b）スナバ回路の挿入

GB積 [MHz] (代表値)	スルー・レート [V/μs] (代表値)	CMRR [dB] (代表値)	推奨電源電圧 [V]	静止時消費電流 [mA] (最大値)	メーカ名
0.9	9	95	±4〜±30	35.0	テキサス・インスツルメンツ
2.5	13	146	±5〜±50	4.0	テキサス・インスツルメンツ
–	0.15	80	±2〜±18	20.0	三洋半導体
5	30	130	±15〜±150	8.5	シーラス・ロジック（APEX）

4-8 電池動作に向く低電圧/低消費電力型

低電圧/低消費電力型は雑音に注意

● **長時間動作が要求される電池駆動機器に使われる**

1.8 V 程度の低電圧から動作可能な OP アンプを **表5** に示します．製品によっては，低電圧動作と低消費電流の両方を実現している製品もあり，電池駆動機器に最適です．

多くの場合 CMOS トランジスタで構成されていて，汎用製品から，チョッパ安定化技術によって低ドリフトを実現している製品まで多岐に渡ります．

● **周波数が低いところでの雑音(1/f雑音)が大きい**

CMOS OP アンプのデメリットは，チョッパ安定化 OP アンプを除いて基本的に 1/f 雑音が大きいことです．しかし，このデメリットも年々改善されてきています．最近では，**図19** に示すように 1/f 雑音の小さな製品も存在します．

▶ 1/f雑音を低減するテクノロジ

MOS トランジスタの 1/f 雑音が大きい原因は，ゲート酸化膜の捕獲準位に起因すると言われています．

MOS トランジスタのゲート酸化膜の下にはチャネルと呼ばれる層があります．このチャネルに不純物を導入する際に，ゲート酸化膜(SiO_2)を通過する形でイオン打ち込みを行うことがあります．このイオン打ち込みによって SiO_2 の結合が切断され，酸素原子にフリーの結合手が生じます．この結合手がチャネルを通過する電子の動きを乱し，1/f雑音を発生させるのです．

図20 に示すように，N チャネルと P チャネルの MOS トランジスタを比較すると，P チャネルのほうがゲート酸化膜のより遠くを電子が流れるため，一般に 1/f 雑音が小さいと言われています．

ゲート酸化膜の酸素原子に存在するフリーの結合手による 1/f 雑音を低減する方法として，ゲートへフッ素をドーピングする方法が知られています．

〈川田 章弘〉

図19 CMOS タイプの低雑音化が進んでいる

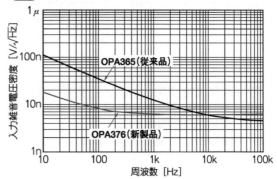

図20 NMOS よりも PMOS のほうが雑音が小さい理由

酸素から伸びた結合手が電子をつかまえたり，離したりすることで 1/f 雑音が発生する

(a) 1/f 雑音の発生原因

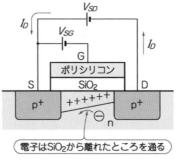

電子は SiO_2 から離れたところを通る

(b) PMOS トランジスタ

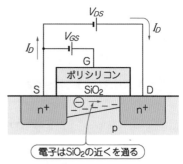

電子は SiO_2 の近くを通る

(c) NMOS トランジスタ

表5 低電圧動作 OP アンプの例

型 名	特徴	温度ドリフト [μV/℃](代表値)	GB積 [MHz](代表値)	推奨電源電圧 [V]	静止時消費電流 [mA](最大値)	メーカ名
OPA2364	汎用	3	7	+1.8〜+5.5	1.4	テキサス・インスツルメンツ
OPA2365	低ひずみ	1	50	+2.2〜+5.5	5.0	テキサス・インスツルメンツ
OPA2376	低雑音	0.26	5.5	+2.2〜+5.5	0.95	テキサス・インスツルメンツ
THS4281	高速	7	90	+2.7〜+15	0.75	テキサス・インスツルメンツ
LTC6241(S8)	低雑音	0.7	18	+2.8〜+56	2.2	リニアテクノロジー

4-9

抵抗から発生する雑音に注意して使用する

計測回路などに使われる低雑音型

--- コモンセンス⑦ ---

計測回路には低雑音型を使う

● **計測回路やオーディオ回路に使われる**

低雑音OPアンプは，オーディオ信号や超音波信号処理回路に使用されます．超音波信号処理回路は，妊婦さんのおなかの中にいる胎児のようすを観察するときに使う超音波診断装置に組み込まれています．

低雑音性能を生かして，一部のオーディオ機器にも採用されています．

特徴は，とにかく内部雑音が小さいことです．代表的な低雑音OPアンプを **表6** に示します．

低雑音OPアンプの多くはバイポーラ・プロセスで製造されており，低周波(オーディオ帯域)における高調波ひずみが小さい製品が多いことも特徴です．

--- コモンセンス⑫ ---

バイポーラ型とJFET型を使い分ける

バイポーラ・プロセスで作られた低雑音OPアンプの場合，OPアンプから信号源を見たときの抵抗値(インピーダンス)が大きくなると雑音が大きくなります．

OPアンプにとって信号源インピーダンスが高いか低いかは， **図21** に示すように数k～数十kΩ程度を目安にするとよいでしょう．

信号源インピーダンスが数k～数十kΩより低い場合はバイポーラOPアンプ，それよりも高い場合はJFETかCMOS OPアンプを選択するようにします．これは，OPアンプ自身のもっている電流雑音の影響が大きくなるためです．

例えば，信号源がフォト・ダイオードや圧電素子(ショック・センサ)などの場合は，JFETやCMOS OPアンプなどの電流雑音の小さなOPアンプを使用します．フォト・ダイオードのインピーダンスは数百MΩ～数GΩ程度であり，圧電素子のインピーダンスも数GΩ程度と非常に高いからです．

--- コモンセンス⑬ ---

抵抗値からの雑音も考慮する

図21 からわかるとおり，抵抗から発生する雑音は，抵抗値が大きいほど大きくなります．したがってOPアンプのゲインを決める抵抗も必要以上に大きくしすぎないことが大切です．例えば100倍のアンプを作るなら10Ωと1kΩなど，思い切って小さくしたほうがよいでしょう． 〈川田 章弘〉

図21 信号源インピーダンスが大きくなると低雑音性能が発揮されない

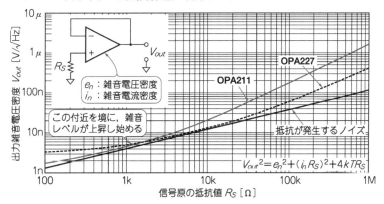

表6 代表的な低雑音OPアンプ

型 名	入力形式	入力換算雑音電圧密度(@1 kHz) [nV/√Hz](代表値)	推奨電源電圧 [V]	メーカ名
OPA227U	バイポーラ	3	±15	テキサス・インスツルメンツ
OPA211A	バイポーラ	1.1	±15	テキサス・インスツルメンツ
AD8599	バイポーラ	1.07	±15	アナログ・デバイセズ
AD8099	バイポーラ	3	±5	アナログ・デバイセズ
LT6200	バイポーラ	2.5	±5	リニアテクノロジー

第 **5** 章

アナログ回路とディジタル回路の仲介役

A-D/D-Aコンバータ活用のコモンセンス

5-1　アナログ信号とディジタル信号を橋渡しする
A-D/D-Aコンバータの役割と応用

コモンセンス⑭
A-DとD-Aは
ディジタルとアナログの仲介役

　多くの電子機器では，音声，映像，温度，圧力，明るさなど，さまざまな信号をマイコンに取り込む必要があります．

　それらのほとんどは，ディジタル信号のような明確なON/OFFの境目がないアナログ信号です．それらをマイコンで扱えるデータにするためには，どうしてもA-Dコンバータ（Analog to Digital Converter；ADC）を使わざるをえません．ディジタル・データをいかにうまく扱えるようになっても，アナログ信号を扱えないのでは不十分です．

　最近のワンチップ・マイコンにはA-DコンバータやD-Aコンバータ（Digital to Analog Converter；

DAC）が内蔵されていることが多くなってきました．マイコンと独立したICのA-D/D-Aコンバータについて解説しますが，内容のほとんどはマイコン内蔵のものでも共通です．

コモンセンス⑮
A-DとD-Aは
多くの民生機器に入っている

　A-D/D-Aコンバータはどこに使われているのか，身近な例を挙げてみましょう（**図1**）．

▶カメラ

　最近特にディジタル化が進んだものとして，カメラが挙げられます．つい数年前までは，カメラといえばアナログVTRビデオ・カメラやフィルム・カメラが主流でした．

図1　**A-DコンバータとD-Aコンバータはディジタル化の立役者**
伝送，記録，加工（計算）にメリットがあることからディジタル化が進んだ

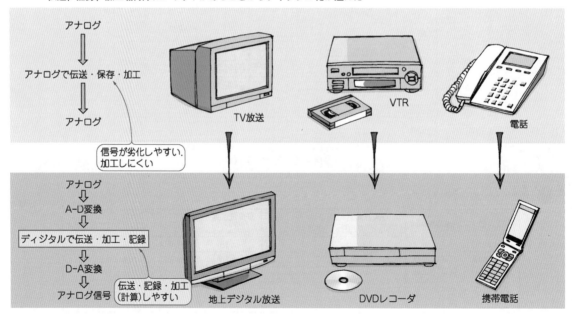

今や，それぞれディジタル・カムコーダとデジカメに取って代わられています．

▶オーディオ・ビジュアル機器

HDDレコーダ，CDやDVDに記録されているデータはすべてディジタル化された情報なのは知っていると思います．これらの情報の元である音や画像の信号はアナログです．A-Dコンバータでディジタル化された後，そのまま，あるいは圧縮されて，記録されています．

再生するときは，アナログ信号に戻す必要があるので，D-Aコンバータが使われます．

▶テレビ放送

通信機器も，ディジタル化されようとしています．

現在のラジオ放送やテレビでは，音声や画像のアナログ信号をそのまま変調して送信し，受信機ではそのアナログ音声を再生する方式です．

これに対して，アナログの信号をディジタル変換し，データを圧縮して電波に乗せる方式が主流となってきています．現在移行中の地上デジタル放送と呼ばれているテレビ方式では，音声信号も画像信号も，ディジタル化されて処理されます．

▶携帯電話

携帯電話では，音声信号をディジタル化する技術そのものはすでに導入されています．今後は，ディジタル化することで可能になった優れた変調方式を用いて，限られた電波を有効に使う方向に進化していくと考えられます．

● 進化するA-DコンバータとD-Aコンバータ

▶アナログ技術よりメリットが大きい

ディジタル技術は「計算」，「保存（記憶）」，「伝送」という機能の点でアナログ技術よりはるかに勝っています．

マン・マシン・インターフェースの処理能力においても，ソフトウェアでいろいろと工夫ができる点で優れています．ディジタル技術はこれからもますます広がっていくと予想されています．

▶A-D/D-Aコンバータの低価格化/高性能化が進んだ

ディジタル信号を扱う半導体デバイス（CPU，メモリIC）や記録装置（HDD，光学ディスク）は並々ならぬ速さで高機能化/高集積化/低価格化が進んでいます．

それと同時に，A-D/D-Aコンバータについても，一昔前と比較すれば非常に高性能で高機能なデバイスが安価に入手しやすくなっています．

身近な民生機器へディジタル技術が普及していく背景には，この高性能化と低価格があります．

▶応用分野はさらに広がっていく

このような背景を抱えている現在はまさに，ディジタル技術全盛といっても過言ではない時代です．ディジタル技術が広がっていくのと同時に，A-D/D-Aコンバータの応用分野も広がってきています．

コモンセンス㉖
A-DとD-Aは産業機器にも広く使われている

いわゆる民生分野でないところでも，ディジタル化が進んでいます．というより，民生ではない分野のほうが，ディジタル化が進んでいます．工業/産業分野では，すでにいろいろなところでディジタル技術が使いこなされています．

最近になって半導体デバイスの高性能化/低価格が進んだことから，工業/産業分野で導入されていたディジタル技術が身近な民生分野にも応用されてきた，と考えるほうが適切です．

どんな用途で使われているのか一言では説明できませんが，代表的な例を挙げてみます．

▶製造工場での制御

例えば原材料を加工して製品を作り出す製鉄，非鉄金属，化学などの分野では，製造プロセスの非常に多くの過程で温度，圧力，流量あるいは重量などを計測して，制御を行うことが重要になります．

これらの計測や制御は，プロセス・コンピュータと呼ばれる比較的大規模なコンピュータを使って，ディジタル的に行われています．

必然的に，計測ではA-Dコンバータが，制御にはD-Aコンバータが数多く使われています．

そのほか，上下水道，製紙，食品，製薬，半導体製造など，身近な最終製品の製造過程にあるいろいろな機器に，A-Dコンバータ，D-Aコンバータは広く使われています．

▶計測器や医療機器

DMM（ディジタル・マルチメータ），DSO（ディジタル・ストレージ・オシロスコープ），スペクトラム・アナライザなどの計測機器もすっかりディジタル化されてしまいました．

医療機器では，血液分析器，X線診断装置，超音波診断装置，CT，MRIなど，小型の機器から大型の機器まで，現在ではほとんどがディジタル化されています．医療関連は，A-DコンバータとD-Aコンバータの大きな応用分野となっています．

▶環境関連

さらに，今騒がれている地球温暖化にかかわる環境問題にも大きく貢献しています．例えば，空気やガスなどの気体，あるいは液体などに含まれている成分を分析する測定器もディジタル化されています．ごみ処理場などの温度管理も例外ではありません．

〈服部 明〉

5-2 A-Dコンバータの性能を表す重要なスペック

コモンセンス⑦⑦
振幅方向に細かく分解する能力「分解能」

連続したアナログ信号をどのように不連続なディジタル信号に変換するのかを解説しましょう.

まずは「分解能」という言葉を知っておくことが重要です. 10ビット分解能, 12ビットという言葉は聞いたことがあると思います.

10ビット分解能のA-Dコンバータの場合, 入力範囲(最大スケール)を2^{10}(= 1024)ステップで分解してディジタル信号に変換することになります.

例えば, 0～10Vのアナログ電圧を10ビットでA-D変換する場合, 図2のように分解します. 入力されたアナログ信号は, その電圧に対応するディジタル信号に変換されます.

12ビット分解能の場合は$1/2^{12}$(1/4096)ステップ, 16ビット分解能の場合は$1/2^{16}$(1/65536)ステップで分解されます.

厳密に言うと, フル・スケール電圧から1ステップ相当の電圧を引いた電圧が本当のフル・スケール電圧になるのですが, おおまかには以上のような理解で問題ありません.

▶ A-D変換後は飛び飛びの値になり細かい情報はなくなる

アナログの連続した信号が, あるステップで置き換えられること自体, ピンとこない方もいるかもしれません. 確かに, ディジタル化すると, 連続したアナログ信号が本来もっている情報の一部が失われてしまいます.

しかし, 世の中にあるアプリケーションのほとんどは, それでも十分問題なく処理できています. そうであればこそ, 実用化されています.

▶ 値としては四捨五入したのと同じ

例えば, 少し半端ですが, -100℃から924℃の範囲で温度を計測することを考えてみましょう. 最小温度から最大温度までの範囲は1024℃で, この温度をセンサで取り込んだとします.

検出されたアナログ信号は連続しています. ここで, もし10ビット分解能のA-Dコンバータでディジタル・データに変換すると, 正確には1024℃/1024ステップ=1℃/ステップで温度が計測されます.

約1℃の単位で計測はできますが, 1.5℃や10.3℃などの小数の温度は無視され, 結果として2℃や10℃になってしまいます. あたかも四捨五入されたような結果が得られることになります.

とはいえ, アプリケーションによってはこの程度で十分な場合も多くあるはずです.

この例の場合, 1℃と2℃の間の温度はどこに行ってしまうのでしょうか.

これはA-Dコンバータによる「量子化誤差」といい, どうしても避けられない誤差です. この誤差が問題にならないように, 分解能を選ばなければいけません.

もっと精密な温度計測を必要とする場合は, 12ビットあるいは14ビットのA-Dコンバータを使えば, さらに細かな温度結果が得られます.

コモンセンス⑦⑧
1秒間に繰り返せる変換回数「変換速度」

最近では, ほとんどのA-Dコンバータの変換速度は「変換レート」という単位で仕様化されています.

kspsやMspsという単位を聞いたことがあるかもしれません. これらは, 1秒間に最大いくつディジタル・データが出力されるかという単位です.

図2 フルスケール10Vのアナログ信号を10ビットA-Dコンバータでディジタル信号に変換すると…
ステップ間は四捨五入されて変換される

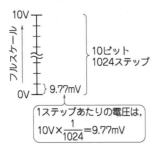

図3 変換レートは1秒間に得られるデータの数

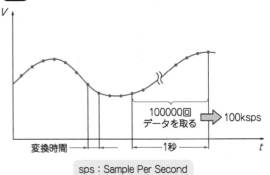

sps : Sample Per Second

図4 A−Dコンバータの二つのデータ出力の形態
パラレルは信号線の数が多い．シリアルは伝送速度が必要になる

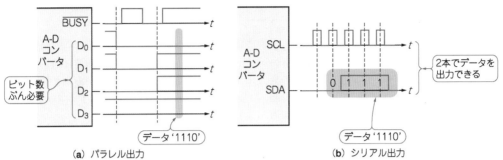

（a）パラレル出力 　　　　　　　　　　　　　　　　（b）シリアル出力

例えば100 kspsは，**図3**のように，1秒間に100000個のデータが出力されることを意味しています．これを時間に変換すると，10 μsに1個のデータが得られることになるのは理解できると思います．

変換レートを使う理由はいくつか考えられますが，一番大きいのは以下のような理由です．

昔はA−Dコンバータのアーキテクチャ（IC内部の回路構造）として，積分型，逐次比較型，フラッシュ型の3種類がほとんどでした．

これらの場合，外部からの変換開始パルスの立ち上がり（または立ち下がり）エッジを受けて回路が変換動作を始め，変換が終了して出力のディジタル・データが揃ったら，終了パルスを外部に出力します．1個のデータを処理する時間を単位として，変換速度を仕様化していました．

ところが最近では，高分解能を実現する「Σ⊿型A−Dコンバータ」や高速コンバータの主流である「パイプライン型A−Dコンバータ」などが出てきて，実際の変換速度と変換レートが一致しなくなりました．

出力される信号を処理する場合には，変換レートを示したほうが便利です．

―――― コモンセンス㊾ ――――
シリアル出力型とパラレル出力型がある

A−Dコンバータの出力であるディジタル・データの出力形式には，大きく分けて，**図4**に示すシリアル形式とパラレル形式の2通りがあります．
▶高速A−Dコンバータはパラレル出力

高速のコンバータの場合は，ディジタル・データの転送速度の関係でほとんどパラレル出力となっています．

例えば10 MspsのレートをもつA−Dコンバータは，1秒間に1千万個のデータが出力されます．12ビットのA−Dコンバータだとすると，12本のディジタル出力ピンから1秒間に1千万（10 M）個のデータが吐き出されることになります．

もしこれをシリアル出力で吐き出す場合は，その12倍，つまり120 Mbpsの伝送速度が必要となってしまい，設計が難しくなってしまうことが主な理由です．
▶高速でないA−Dコンバータではシリアル出力が主流

一方，それほど高速でないA−Dコンバータの場合はシリアル出力が主流となっています．

シリアル出力の場合は，出力に使うICのピン数を減らすことができ，小型パッケージにできるメリットがあるからです．

あまりサイズにこだわらない場合はパラレルのほうが扱いやすいというケースもあるので，すべてがシリアル出力というわけではありません．

● そのほかに検討すべき条件
▶入力電圧範囲

入力信号が正側のみの場合はユニポーラ入力（0〜3 Vなど），正負両方の場合はバイポーラ入力（−5 V〜＋5 Vなど）を備えたICを選択する必要があります．

入力電圧範囲が広いほど1ビットあたりの電圧が大きくなるので，ノイズの影響は小さくなります．
▶電源電圧

最近の製品では単一電源動作でバイポーラ信号が扱えるようになってきていますが，±電源や複数の電圧が必要なこともあります．
▶消費電力

電池で駆動する機器の場合は重要です．
▶入力チャネル数

複数の信号を扱う場合，入力段に4〜8チャネルのマルチプレクサを内蔵したA−Dコンバータが便利です．すべての信号を同じタイミングでサンプリングしたい場合は，同時サンプリング機能をもったデバイスを選択する必要があります．
▶その他

パッケージ，動作温度範囲，電圧リファレンスを内蔵するかどうかなどを検討します．

〈アナログ・デバイセズ〉

5-3 変換後のディジタル・データのコードと電圧値

最初に理想ADCのイメージをつかんでおきましょう. 簡単のため0～4Vのアナログ電圧を3ビットのコードに変換する理想ユニポーラ（単極性）ADCの変換特性を**図5**に示しました. ADCでは最小分解能をLSBで表し, 1LSBは4V/8 = 0.5V入力幅に相当します. またディジタル・コード"001"の中心は0.5V, "110"は3.0Vです. コードの切り替わり点は, それらの中間になります.

コモンセンス⑧⓪
フルスケール電圧に相当する コードはない

図5のようにフルスケール（＋4V）に相当する出力コードはなく, 一つ前の"111"が出力されます. これに対して0Vには対応するコード"000"はちゃんとあります.

コモンセンス⑧①
ゼロ・コードと最大コードの 入力幅は他と違う

"000"を出力する電圧幅は0.5LSBしかなく"111"は1.5LSBもあり, 他のコード（1LSB幅）とは違います.

図6はフルスケール±2Vのバイポーラ（両極性）

の理想プロファイルです. 出力コードには, 0点を移動したオフセット・バイナリや演算に適した2の補数型, 絶対値＋サイン・ビットなどがあります. いずれも負のフルスケール（－2V）に相当するコードがあります.

コモンセンス⑧②
アナログ信号を分解するビット数が 多いほど滑らか

図7は4, 6, 8ビットの理想プロファイルです. 16段階の4ビットはいかにもディジタル化する感じですが, 8ビットではたった4ビットの差なのにずいぶん滑らかで, この図ではほとんど直線に見えます. この違いは8ビットと12ビットのギザギザ度の差と同じですし, 同様に12ビットと16ビットとの差であることをイメージしてみてください.　　　〈三宅 和司〉

図6 分解能3ビットのバイポーラADCの理想的な変換特性

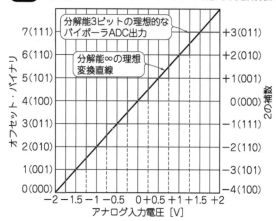

図5 分解能3ビットのユニポーラADCの理想的な変換特性
3ビットでは八つの状態を取ることができるので, フルスケールを4Vとすると1LSB = 4V/8 = 0.5Vに相当する. したがって, コードの割り当ては0V→"000", 0.5V→"001", …, 3.5V→"111"となる. 理想的なコードの変わり目は0.25～3.25までの7ヶ所である. コード"000"を出す電圧範囲は0.5LSB（0.25V幅）, "111"は1.5LSB（0.75V幅）あり, 直感に反して不自然に見える. しかし, 分解能∞の理想変換直線と, 両端以外の各コードの中心とを一致させていると考えれば納得できる

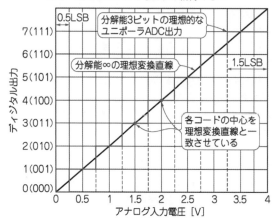

図7 5Vフルスケールの4～8ビット理想ADC特性

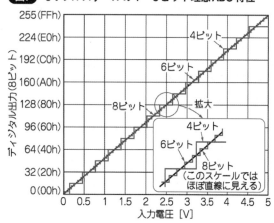

5-4

エイリアシング現象が発生する
入力できる信号の周波数には限界がある

── コモンセンス⑧ ──
サンプリング・レートと
変換時間は別物

サンプリング・レートは連続してA-D変換が可能な最高速度で，単位はsps（サンプル/秒）です．また変換時間はアナログ入力を捉えてからディジタル出力が確定するまでの時間です．通常ADCでは，

サンプリング・レート＝1/変換時間

の関係がありますが，パイプライン型ADCでは異なります．高サンプリング・レートのADCは，より高速のアナログ信号を変換できますが，分解能と精度が低下し，高価になるのが一般的な傾向です．

── コモンセンス⑧ ──
限度を越えると入力していないはずの
信号が出力される

定理ではサンプリング・レートの1/2までが元の波形を再現できる入力帯域の限界です．定理に反してそれ以上の周波数の信号を変換すると，**図8**のように入力とは違った波形が出力されます．これがエイリアシング現象で，出力周波数は入力周波数とサンプリング・レートとの差（ビート）になります．この現象を回避するため入力段に高周波カット用（アンチ・エイリアシング）フィルタを挿入するのが普通です．

一方，無線装置では高周波信号と内部発振器の出力を混合して都合の良い周波数に変換（ヘテロダイン）することがよくあります．ディジタル受信機内部では，わざとエイリアシングを起こし，周波数変換とA-D変換を同時に行っています．　　　　〈三宅 和司〉

図8 サンプリング・レートの1/2を越える周波数の信号をA-D変換すると，実在しない信号（エイリアス）が発生する
図では，1 MspsのADCに0.9 MHzのサイン波を入力したとき，サンプル値をつなぐと入力信号の代わりに両者のビート成分である0.1 MHzのエイリアスが現れる

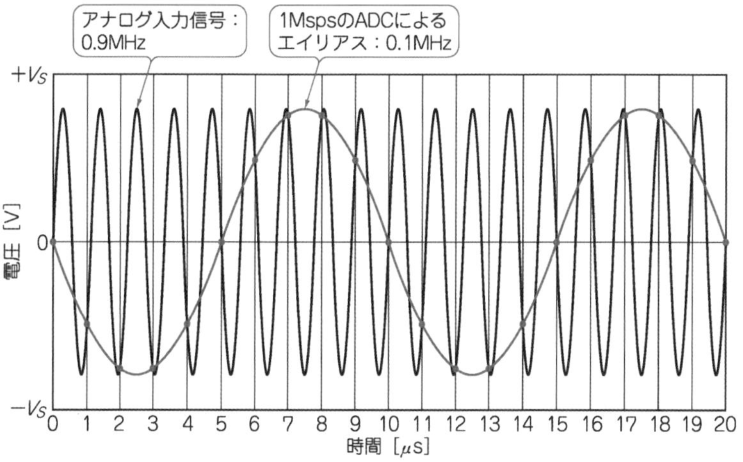

アナログ入力信号：0.9MHz
1MspsのADCによるエイリアス：0.1MHz

縦軸：電圧 [V]（$+V_S$, 0, $-V_S$）
横軸：時間 [μS]（0〜20）

ディジタルが得意なもの，アナログが得意なもの　　　　　　　　　　　　　　column

手間やコストのかかるADCやDACを使ってまで信号変換するのは，それぞれに決定的な得意分野があるからです．ディジタル回路はそれまでのアナログ回路では難しい次の三つを実現するために考え出されました．

▶ノイズに強い

連続量のアナログに対し，ディジタルでは信号をとびとびの値（離散量）として捉えるので，その間隔以下の誤差やノイズは無視できます．これは電圧軸と時間軸の双方に言えます．

▶記憶が得意

アナログ記憶回路は，漏れ電流によって比較的短時間に情報精度が失われますが，ディジタルでは半永久的な記憶が可能です．またディジタルでは記憶性能が素子サイズによらないので，高集積化により圧倒的な情報密度を得ることができます．

▶正確で複雑な演算や時間要素を含む演算が容易

乗除算や相関演算，微分/積分はアナログ回路でも可能ですが，精度を保つには厳選された素子が必要になります．ディジタルでは十分な規模の演算回路と，適切なアルゴリズムだけで精度が確保されます．つまり量の変化を質の変化にすることができます．

ディジタルの得意な記憶回路を使うと，時間的な要素を容易に場所（アドレス）に変換できます．

＊

これに対しアナログ回路の得意なことは上記以外のすべてです．センサの微小信号を増幅することはアナログ回路でしかできませんし，シンプルなアナログ回路をディジタルに置き換えると，恐ろしく煩雑になる例は珍しくありません．

5-5 変換時に生じるいろいろな誤差

── コモンセンス⑧⑤ ──
表示の細かさ（分解能）と測定精度は別物

4000カウント程度のディジタル・テスタならば2〜3千円で買える時代になりました．この4000カウントとは表示の細かさ（分解能）のことであり，測定精度が1/4000（0.025％）というわけではありません．

この事情はADCも同じで，実際の16ビットADCの総合誤差は，16ビット分の1，つまり1/65536にならないのが普通です．

── コモンセンス⑧⑥ ──
周辺回路の精度とノイズ

ADC自体にも誤差やノイズがあり，その大きさは品種によってずいぶん違いますが，現代のADCは総じて良くできていると言えるでしょう．それよりは周辺回路の精度やノイズが足を引っ張ることが多いのです．適当に使ってみたら「下位数ビットがパラパラ動いて止まらない」ことは普通に起こります．

図9　オフセット誤差とゲイン誤差
正のオフセット誤差があるaは，理想変換直線に比べ上方にずれており，0Vを入力しても出力コードは0にならない．入力が約3.5Vで出力はフルスケール・コード（FF）に達してしまい，上部に不感帯ができる．bはaとは逆に，入力電圧は約0.75に達するまで出力コードは0のまま動かない．5Vを入力しても出力はフルスケール・コードに達しない．cは傾きが大きすぎ，約2.4Vでフルスケール・コードに達してしまい，不感帯ができる．dはcとは逆に，傾きが足りず，上部に永遠に出力されないコードがある．eはオフセットとゲインの両方の誤差を同時に出る現実のADCで，b＋cの例．組み合わせは全部で四つある．ただし，その大きさは図ほど極端ではない

── コモンセンス⑧⑦ ──
オフセット誤差とゲイン誤差

▶ オフセット誤差（ゼロ点ずれ）

図9のaは正のオフセット誤差がある場合で，0V入力でもゼロ・コードが出ません．逆に0V以前にゼロ・コードが出るのが，bに示す負のオフセット誤差です．これは外部で補正できますが，前者がディジタル側でも補正可能なのに対して，後者はアナログ・シフトが必須です．

オフセット誤差は入力換算電圧か，LSB単位で表示されます．

▶ ゲイン誤差（傾き＝感度誤差）

図9のcはゲインが大きすぎるため，フルスケール以前に最大コードに達して上端に不感帯ができます．逆に，dのように傾きが小さいと永遠に出ないコードができます．

ゲイン誤差は％かLSB単位で表示されます．この補正はオフセット同様の方法に加え，基準電圧の微調整でも可能です．

実際のADCの誤差は**図9**ほど極端ではありませんが，品種やランクによって大きく違います．また両誤差は単独ではなくeのように重なって存在します．他の誤差と違い，これらの補正は比較的簡単なので，必要に応じ周辺に微調回路を設けておくと良いでしょう．

図10　積分誤差
ゼロとフルスケールは理想変換直線と一致しているが，その途中は直線性が悪く，ずれている．このずれの最大値が積分誤差で単位はLSB．図のようなS字カーブを描くものだけでなく，いろいろなタイプがある

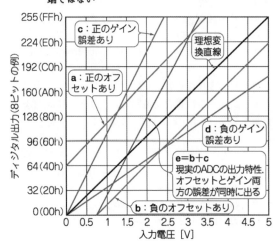

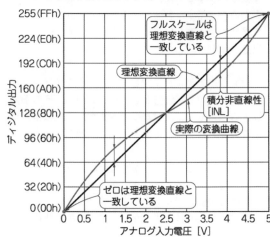

図11 太っ腹！

――― コモンセンス⑱ ―――
積分誤差と微分誤差

▶積分（太っ腹）非直線性
　図10のグラフは直線性に欠けるために途中が「太っ腹（気前がよいのではなく中年太り）」になっています（**図11**）．これを積分非直線性（*INL*）と呼び，理想変換直線からのずれの最大値をLSB単位で規定します．

▶微分（不揃い）非直線性
　図12は再び3ビットの例ですが，コード"011"が出る入力範囲は1LSBよりも狭く，"100"では広く不揃いになっています．これが微分非直線性（*DNL*）で，1LSBとの差の最悪値をLSB単位で表します．微分非直線性は普通の使いかたではあまり目立ちませんが，波高分析器など確率分布を計測する用途では，コードごとの出現確率の偏りとしてはっきり現れます．

　積分誤差や微分誤差はユーザ側で補正が困難なので，ADCの選択時に気を付ける必要があります．

――― コモンセンス⑲ ―――
単調増加性とミッシング・コード

▶単調増加性の保証
　図13のグラフには入力が増加しているのに出力値

図12 微分誤差
コード"011"や"101"を出力する電圧範囲は1LSBの0.5Vより狭く，"100"では0.5Vよりも広くなっている．これが微分誤差で，理想的な幅（ここでは1LSB＝0.5V）との違いをLSB単位で表す．分析機器などの用途では，コードによる確率の差としてはっきりと現れる

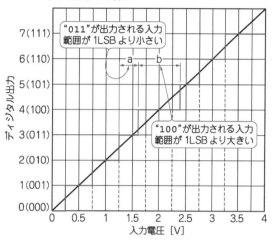

が下がっている区間があり，もはやADCの存在意義に関わる事態です．この状態が起こらないことを「単調増加性（モノトニー）保証」とデータシートに掲載する場合があります．

▶ミッシング・コード
　単調増加性が保証されていても微分非直線性が1LSBを越えてしまうと**図14**のように特定のコードが永遠に出ないことも起こり得ます．これがミッシング（喪失）コードで，ADC分解能の有効性が問われる現象です．データシートに「ノー・ミスコード」とわざわざ表示しているのは，このような事情によります．

〈三宅　和司〉

図13 単調増加性が保たれていない

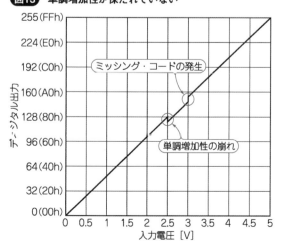

図14 ミッシング・コードの発生

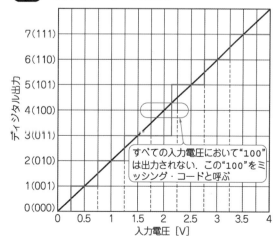

ADCの種類はたいへん多いのですが，内部構成を「入力回路」「ADCコア」「基準電源」「ディジタル・インターフェース」に分けて整理すれば，簡単に絞り込めます．ADCの選択では最初に分解能とサンプリング・レートを考えます．これを左右するのはADCコアです．

● 従来からあるA-D変換方式

▶ フラッシュ型：コンパレータを並べる（**図15**）

コンパレータを並列に並べたADCの原点です．現在でも最高速（最高3 Gsps）ですが，6ビットでもコンパレータが63個も必要なため，高ビット化できません．

▶ ハーフ・フラッシュ（サブ・レンジング）型（**図16**）

フラッシュ型を上位と下位に分割してコンパレータ数を減らしたものです．上位結果は内蔵DACで電圧変換し入力値から減算され，下位はこの残差を変換します．2段のADCとDAC＋減算時間のためフラッシ

ュ型より一桁遅いですが，高速の8〜10ビットの製品が得られます．

▶ SAR（Successive Approximation Register）型（**図17**）

日本語訳は「逐次比較型」と厳しいですが原理は簡単です．DAC出力と入力信号をコンパレータで比較しながら，DACの出力レベルが入力信号レベルに近くなるように調整すれば，最終的にDAC入力データ＝A-D変換値となります．比較はフルスケールの1/2から始め，その結果から次は1/4か3/4と比較するという2進分割で探っていくので（SARの語源），

図16 ハーフ・フラッシュ（サブ・レンジング）型（8ビットの例）
フラッシュ型より1桁遅いが高速な8〜10ビット変換が可能

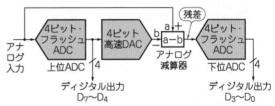

図15 フラッシュ型
最も高速だが分解能を上げられない

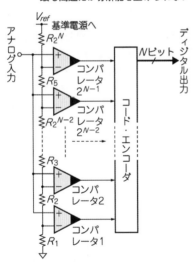

図19 パイプライン型（2分割）

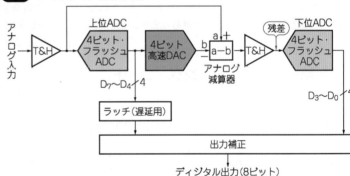

図17 SAR（逐次比較）型
8〜14ビットで比較的速いため標準的

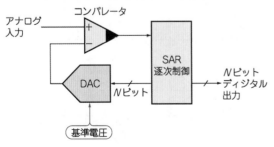

図18 二重積分型
16ビットを超える精度を得られるが，変換時間が遅く一定ではない

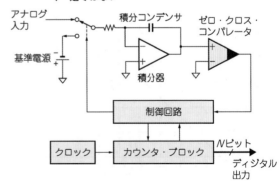

12ビットならば12回の試行で必ず正解にたどり着けます．8〜14ビットの分解能がありながら比較的速いため，工業用計測などの標準的なADCでした．

▶二重積分（Dual‐Slope）型：電圧を時間に変換（図18）

まず入力電圧を電流変換し，それでコンデンサを一定時間充電（積分）します．続いて基準電流でコンデンサを放電させ電荷がなくなるまでの時間を計れば入力電圧がわかります．巧妙に充放電に同じ回路を使うので，普通の部品を使っても16ビット超の精度が得られますが，変換時間が遅く一定でない欠点があります．電子テスタやパネル・メータなどに使われています．

● 主流になりつつある変換方式

▶パイプライン型：フラッシュ＋SAR（図19，図20）

ハーフ・フラッシュ型の上位/下位間にホールド回路を挟めば，下位の変換中に上位側は次のアナログ値の変換を並行実行できます．上位＋下位の変換時間は同じですが，サンプリング速度は約2倍になります．図19は2段の例ですが，段数＝変換ビット数まで拡張できます．この構成図はSAR型を時間展開したようにも見えます．超高速でも驚異的な高ビット化が可能

なためディジタル通信に新分野を拓きました（図20）．欠点はまだ高価なことと，DC特性です．新概念の変換時間/サンプル時間をレイテンシと呼びます．

▶C‐SAR型：抵抗の代わりにコンデンサを使う

SAR型の精度は内蔵DAC次第で，特性の良い薄膜抵抗ラダーを作り込む別のプロセスが必要でしたが，普通のプロセスだけで作るコンデンサ式チャージ・バランスSARが考案されました．ICの微細化が進み，容量比が正確なコンデンサ群を作り込めるようになったことで現在のC‐SAR型は数Mspsで16ビットと高速/高ビット化しています．C‐SAR型はサンプリング速度が遅すぎても精度は落ちます．

▶ΔΣ型：確率を数える（図21）

ΔΣ変調器とディジタル演算回路で構成されます．ΔΣ変調器は一種の帰還発振器で，アナログ入力に比例してディジタル発振出力のH/Lの比が変わり，これを演算処理してA‐D変換値とします．大きな外付け部品が不要で超高分解能が得られるため，二重積分型をほぼ駆逐し，近年の高速化でSARまで脅かしています．ただし急な入力変化への追従動作は注意が必要です．

〈三宅 和司〉

図20 **多段パイプライン型**（12ビット12段の例）
超高速，高ビットを実現できるが，高価

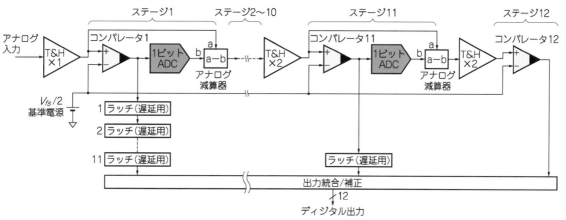

図21 **ΔΣ型**
大きな外付け部品が不要で超高分解能．SARを脅かしている

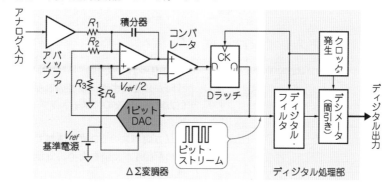

― コモンセンス⑨ ―
入力回路によって性能が影響される

▶ トラック＆ホールド回路とサンプル＆ホールド回路

多くのADCではA-D変換中に入力信号(変換目標)が変化すると正常な変換ができません. トラック＆ホールド(T/H)やサンプル＆ホールド(S/H)回路はアナログ信号をサンプルし, 変換終了までその値を保持します(**図22**). 以前はT/HやS/H回路は外付けが多かったのですが, 現在はADCに内蔵か, ADCコア自体がその働きをすることが多く「サンプリングDAC」と呼ばれます. なおS/Hはホールド期間以外の出力が未定義なのに対し, T/Hは入力に追従しますが, 実質上の違いはありません.

▶ マルチプレクサ

一つのADCで複数の入力を変換したい場合に使う切り替えスイッチです. N対1のアナログ・スイッチでディジタル側からコントロールできるほか, 自動シーケンサを備えたものもあります.

▶ 差動入力とインスツルメンテーション・アンプ

差動入力型は1チャネルあたり入力端子が二つあり, 両者の電圧差をA-D変換するもので, この高級型がインスツルメンテーション・アンプです. ブリッジ構成のセンサを直接入力する場合やコモン・モード・ノイズが予想される場合は差動型が有利です. これに対し, 通常の1端子型をシングルエンドと呼びます.

▶ PGA

プログラマブル・ゲイン・アンプの略で, ディジタル的に増幅度を変えられる前置アンプです. 実用上のメリットはむしろゲインの正確さにあります.

― コモンセンス⑨ ―
基準電源が重要

基準電源はフルスケールを決定するので, 高精度になるほど電圧精度より温度係数が重要になります.

(a)ADC IC内蔵の基準電源を使う：データシートの推奨回路どおりに使えば動作しますが, その性能は玉石混淆です. 調整がしづらい場合や, 温度係数が大きくADC本体の性能を制限してしまうものもあります.

(b)外部から与える：より精密な基準ICを選択できます. 一つの基準ICを複数のADCやDAC, 演算回路で共用すれば, 互いの特性が揃うので精度上有利です.

(c)電源自体を基準電源と兼用する：CPU内蔵型や低電圧の超小型ADCでよく見かけます. 最も手軽ですが, 絶対精度や温度係数は電源に依存するので, ADC電源を別電源から高精度レギュレータで作ることもあります.

― コモンセンス⑨ ―
ディジタル・インターフェースには何種類もある

▶ ワード幅パラレル＋制御信号

分解能12ビットなら12本の出力がある基本形で, かつてADCと言えばこれでした. 配線数は多いのですが最も高速です. 超高速用にLVDS出力もあります.

▶ バイト幅パラレル＋制御信号

小規模CPUの8ビット・バスに直結可能で, I/Oとして扱えます. ADC内に制御CPUを内蔵したものもあります.

▶ 3線式シリアル

MicroWireやSPIなどの形式があり, 少ない配線数でCPUやDSPと接続できます. 転送時間≦サンプル時間が必要ですが, 現在の製品はかなり高速です. 通信方向が一定なのでフォトカプラ絶縁に適しています.

▶ 2線式シリアル

双方向バスのI²C規格準拠で, 電源とグラウンドを含め配線4本で済むため, 近距離のリモート計測にも適します. 〈三宅 和司〉

図22 トラック＆ホールドアンプの動作とADC変換タイミング

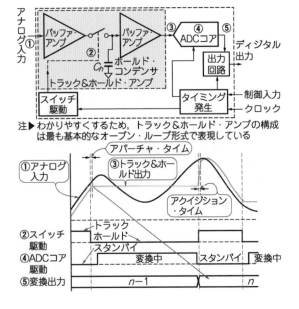

注▶わかりやすくするため, トラック＆ホールド・アンプの構成は最も基本的なオープン・ループ形式で表現している

5-8

ボリュームの抵抗値変化をディジタルに変換する

実際のA-D変換回路の例

ボリュームは実に優れたヒューマン・インターフェース用の部品です．①一見して設定がわかる，②電源を切っても設定を忘れない，③電源投入前でも設定変更可能という特徴があり，これを他の部品で再現するのは大変です．ボリュームは抵抗値(比)が変化する部品ですから，ディジタル制御回路に入力するにはADCが必要です．

図23 はボリュームの値を取り込む簡単なADC回路で，ワンチップCPUやFPGAに直結できます．単回転ボリュームの設定性に合わせ，8ビットのAD7468BRT(アナログ・デバイセズ)を採用しましたが，10ビットのAD7468(同)や12ビットのAD7466(同)も同じ回路で使えます．

このADCは超小型のC-SAR型で1.6～3.6Vの電源で動作し，T/Hアンプを内蔵しています．基準電圧＝電源電圧のタイプですがボリュームを抵抗比モードで使えば電源精度は不要です．

R_1とC_1は高周波ノイズ除去フィルタ，C_2は積層セラミックのパスコン，R_2～R_4はダンプとアイソレーション兼用の抵抗です．R_5は無駄に見えますが，CAD上でADC部を浮島パターンにする手段で，確定後にジャンパ・パターンに変更してもOKです．

このADCの変換タイミングは，CPUから与えるCSとSCLKで決まり，非アクセス時には自動的にパワーダウン・モードに入ります．CPUとの接続はSPIを使うかI/Oポートを操作して行います．3.3V時のSCLKの最高周波数は3.4MHzですが，C-SARのため逆に20kHz相当より遅くても精度が悪化します．

図24 のタイミング・チャートのように，起動とT/Hアンプ動作用の4クロックを含め，SCLKは全部で12個必要です．SPIなどでSCLKが12個以上になってもADCは以後を無視しますので，CPUから見れば無効ビットが入力されるだけで済みます．

〈三宅 和司〉

分解能と最高サンプリング・レートから見る ADC変換方式の勢力地図

図A 主なA-D変換方式と分解能，最高サンプリング・レート

ここ10年の間でADCの勢力地図はすっかり変わってしまっている．ΔΣが高精度SARの領域を脅かし，マルチプレクサで頻繁にチャネル切替しない用途ならば，ΔΣ型のほうが優勢になりつつある．従来のSARは，あっという間にC-SARへ置き換えられている

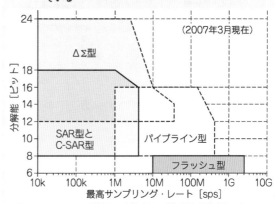

図23 ボリューム(VR_1)の値をA-Dコンバータに取り込む

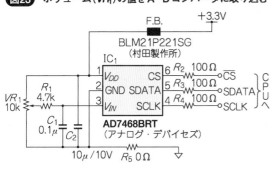

図24 ボリューム・インターフェースADCに使ったAD7468の基本動作時のタイミング・チャート

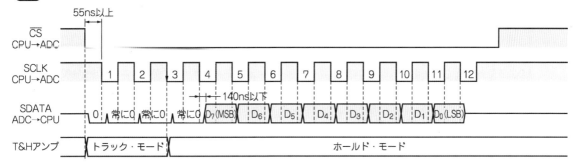

5.9 サンプル・クロックのジッタに注意

コモンセンス㊦
クロックのジッタは思いのほか精度を悪化させる

かつてADCの変換タイミング信号は「水晶から作れば大丈夫」と言われていました．ところが高速で高分解能のADCが一般化するとクロックの揺らぎである「ジッタ(jitter)」が問題になるようになりました（図25）．

たとえば10 MHzのフルスケール振幅の正弦波を変換するとき，サンプル・クロックに1 psのジッタがあると13ビット以上の精度は望めません（図26）．ベテランは「クロックなんて」と言うかもしれませんが，低ジッタ発振器はもちろん，ロジックICのジッタやノイズにも気を使う必要があります．

〈三宅 和司〉

図25 A-D変換値のばらつき（ジッタ誤差）
発振器や制御ロジックのジッタがADCのタイミングの「ぶれ」，すなわちサンプル・ジッタを引き起こす．これがADCの実効分解能を上回ると，ADC本来の性能を損ねる．変換信号が正弦波の場合，ジッタ誤差は最も勾配の大きな中心地付近で顕著になる

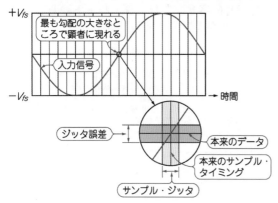

図26 サンプル・ジッタと有効分解能の理論限界値
フルスケール正弦波変換時のもの．ジッタ以外のENOB低下要因は含んでいない

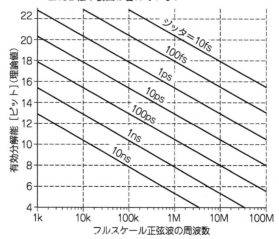

主なA-DコンバータICのメーカ　　　column

▶アナログ・デバイセズ

アナログ素子/モジュールの老舗でADCも黎明期からのメーカです．汎用品もあるが速度/精度の限界に挑む製品に特徴があり「やや高価だが高性能」のイメージがあります．容量入力型やレゾルバ用ADCなどの特殊品もそろえ，継続的な新製品の発表も盛んで，着実に品種の世代交代が進んでいます．

▶テキサス・インスツルメンツ

老舗のバー・ブラウンを傘下に収め，同ブランド名にて継続的に魅力的な新製品を発表しています．テキサス・インスツルメンツ本社からも充実した品種のADCが発売されています．

▶ナショナル セミコンダクター

ADCのみならず，半導体自体の老舗です．近年になって，汎用品を中心に大幅な品種整理を敢行し動向がつかめなかったのですが，ごく最近，3 Gsps

のADCや20 MspsのΔΣ型など衝撃的な新製品群が相次いで発表されました．

▶マキシム

パワー・ダウン・モードの標準装備，超小型パッケージの充実などアプリケーション指向の製品展開で，極めて多品種です．割り切ったスペックのイメージが強いですが，実は尖った性能をもち魅力的な製品が散見されます．

▶シーラス・ロジック

比較的新しい会社で，オーディオ用高ビットΔΣコンバータのパイオニアです．プロ用〜民生のハイエンド・オーディオ用として採用するメーカが多いです．

▶マイクロチップ・テクノロジー

PICマイコンのメーカとして有名ですが，ADC単体も製造しています．SARに加えてビット出力の二重積分型ADCもあり貴重な存在です．

図27 に示すのは広い温度範囲を高い精度で計測することができる回路です．主に半導体プロセスやプラスチック樹脂形成などのいわゆるプロセス・コントロールで温度管理に使われています．このシステムを例に，A-Dコンバータの周辺にどのような回路が必要なのかを紹介します．

実際に温度を測るセンサは熱電対(サーモ・カップル，TC)が広く使われています．熱電対は異なる2種の金属を接合したもので，接合点に温度を加えると熱起電力が生じる現象を利用した温度センサです．

例えばK型熱電対は＋極にクロメル，－極にアルメルという合金を使用し，－200℃から1000℃の測定範囲で直線性の良い起電力を得ることができます．

出力電圧は－5 m～41 mV(0℃で0V)程度と微小です．直線的に変化すると仮定すれば，1℃の変化に対して38 μVの変化(ステップ)です．

1℃程度の精度が必要とすると，およそ10ビット($\fallingdotseq \log 1200/\log 2$)の分解能が必要です．では10ビットのA-Dコンバータを使えばよいかというと，そうはいきません．安全のために余裕をとり，実用上より広い入力レンジに対応しておく必要があります．高精度を目指すなら，必要な精度より1～2桁以上の分解能も必要です．A-Dコンバータの分解能は14～16ビット程度必要です．

A-Dコンバータの分解能力は，変換の繰り返しスピードに反比例して低下していきます．必要な変換スピードで十分な分解能があるか，使用するA-Dコンバータで確かめて吟味することが重要です．

実際の分解能は，回路などから発生するノイズによりA-Dコンバータの分解能より悪化します．平均値のノイズを考えてビットに換算した分解能を有効分解能 *ENOB* と言います．同様の概念ですが，高速なA-Dコンバータでは *SNR* [dB] がよく使われます．この二つは次のように変換することができます．

$$ENOB \text{[ビット]} = (SNR - 1.76)/6.02$$

— コモンセンス⑨④ —

A-Dコンバータの前にはアンプが必要

A-Dコンバータが入力信号として受け付けられる電圧の幅(入力レンジ)は，A-Dコンバータに供給する基準電源電圧によって定まってきます．

熱電対の出力電圧のような微小信号を適切なレンジまで大きくするためには増幅器(アンプ)が必要です．

▶アンプのノイズ性能に気をつける

アンプは本質的にノイズ源となるので，増幅率を大きく取ればノイズも増えてしまいます．

比較的低速なΔΣ型A-Dコンバータでは，変換スピードと内蔵アンプのゲインをマイコンからの設定で変更できるものがあります．その場合，データシートには各々の組み合わせで分解能が表記されています．

比較的高速な逐次比較型A-Dコンバータの場合，多くはゲイン段を内蔵していないので，外付けのアンプと組み合わせた性能を検討する必要があります．

▶信号振幅を大きくしなくてもアンプは必要

ゲイン段やバッファなどのアンプ回路を内蔵していないA-Dコンバータには，熱電対などのセンサを直接接続できません．高精度を要求する場合や変換速度が高い場合はバッファ・アンプが必要です．

A-Dコンバータの入力では，A-D変換時，サンプリングのために高速な電流変化が起こっています．これをチャージ・インジェクションと言います．

図27 －200～1000℃の温度の測定システム

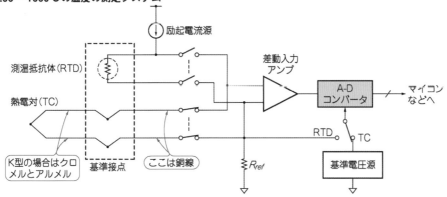

図28 ケーブルを長く引き回すときはロー・パス・フィルタが必要

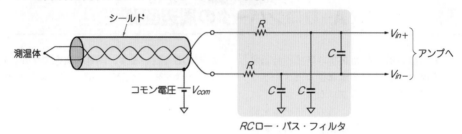

シールド

測温体

コモン電圧 V_{com}

V_{in+}
V_{in-}
}アンプへ

RCロー・パス・フィルタ

アンプを設置し，この電流を供給できるように出力インピーダンスを下げることで，チャージ・インジェクションの影響を最小限にすることができます．

--- コモンセンス㊄ ---
アンプの前には
ロー・パス・フィルタが必要

一般的な温度計測の場合，被測定物と離れた場所に計測器が設置されます．熱電対センサ部と計測器との間に長い引き込み線があることが多いのです．

入力インピーダンスが高く設定されているので，環境ノイズや空間からの電磁波の飛び込み（特に中波ラジオ）が計測結果に影響し，正しい値が得られません．

これを防ぐには，**図28**のように不要な高い周波数をカットするロー・パス・フィルタ（LPF）が必要です．引き込み線をシールド構造として，センサのコモン電圧とシールドを接続し，寄生容量への見かけ上の電位差をゼロに近づけることも効果的です．

--- コモンセンス㊅ ---
基準電圧源の精度が変換精度に影響する

基準電圧源（リファレンス）もアナログ信号入力（ここで言うセンサ入力端）と同様な回路構造となっていますので，基本的にセンサと同様の取り扱いが必要です．

基準電源の電圧値は変換結果の誤差に直接かかわってきます．初期電圧値の精度がよく，温度変化に対し

て電圧変化の少ない（温度特性の良い）基準電源素子を選択する必要があります．

--- コモンセンス㊆ ---
ロード・セル重量測定には
低雑音/高精度A-Dが良い

● 重さを測る原理
▶たわみによる伸び縮みを測る

重さを正確に測るセンサにはロード・セルと呼ばれるブリッジを応用した構造が広く使われています．

ロード・セルの腕（ビーム）の表両端と裏両端には**図29**のようにバランスした四つのストレイン・ゲージと呼ばれるセンサ（抵抗体）が貼り付けてあります．

ストレイン・ゲージとは**図30**のような外観で，伸び縮みすると抵抗値が変化する抵抗体です．

はかりに物を載せる部分が図の右手に取り付けられています．ものを載せると重さによってビームがたわむので，R_1とR_3は延び，R_2とR_4は縮められます．

ゲージの抵抗値が変わりブリッジの電圧バランスが変動するのでその出力がV_{out}に現れます．
▶出力電圧はμV～mV単位と小さい

出力電圧は励起電圧V_Bとブリッジの抵抗値で決まります．励起電圧V_Bが1Vのとき，定格の重さをのせたときの出力電圧値が2mVだと，2mV/Vと表します．

定格荷重が2kgのロード・セルにV_Bを5V印加した場合は，フルスケールで10mVの電圧となります．
▶低ノイズで高精度なA-D変換回路が必要になる

図29 重さを測る原理　固定台

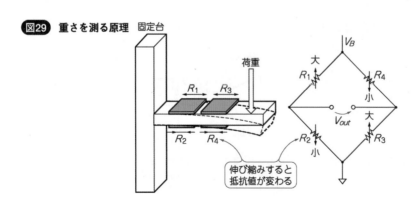

荷重

V_B

大 R_1　R_4 小

R_1　R_3

R_2　R_4

V_{out}

小 R_2　R_3 大

伸び縮みすると
抵抗値が変わる

図30 ストレイン・ゲージの外観

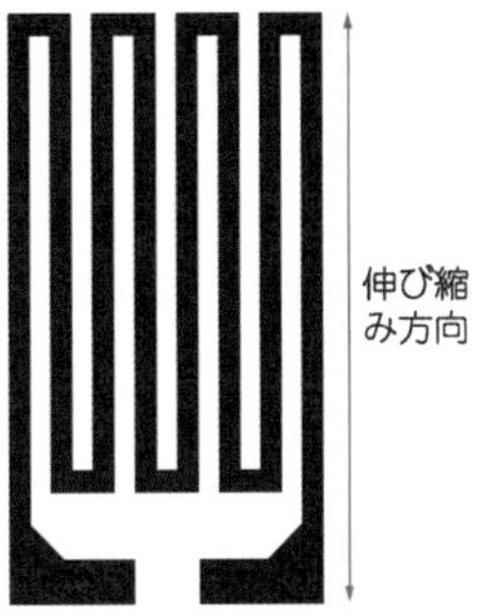

図31 ロード・セルの出力電圧をA-D変換する回路の例

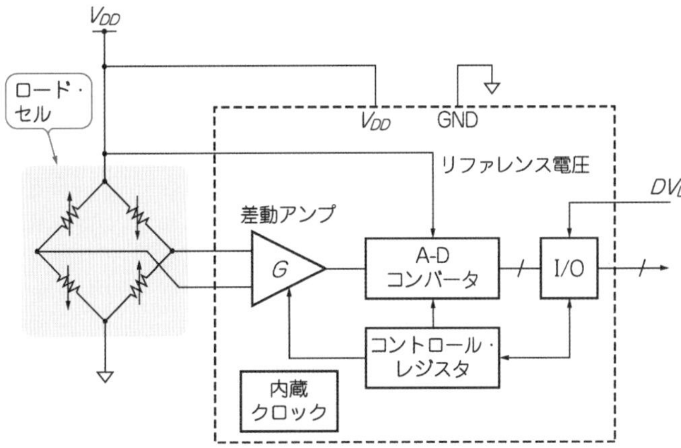

2 kgを1 gの精度で表示するためには2000カウントが必要です．1カウントはわずか5 μVであり，最低でも11ビット以上の分解能が必要です．温度測定と同様に，最小単位の精度保証を考えるともう1桁程度の分解能が必要となるでしょう．

お肉屋さんやキャンディの量り売りで使われているいわゆる換金に使われるはかりや化学薬品の計量などは厳密に精度が決められています．それを保証するためには，A-Dコンバータに求められる有効分解能が20ビットを越える場合もあります．

このように，ロード・セルを使った精密な重量測定では極めて高いノイズ性能と分解能のA-Dコンバータが求められています．前置するアンプにも，高いゲインで良好なノイズ性能が求められます．

● 回路例

回路例を図31に示します．ここではロード・セルの励起電圧が基準電圧に対してレシオメトリックになるよう構成しています．これにより，電源電圧の変動によるロード・セルの出力電圧変動と基準電圧の変動を相殺しているので，簡単に精度の高い変換が可能となります．

現在は一つのチップの中にマルチプレクサ(信号切り替え器)，計装アンプ(ゲインの変更が可能)，ΔΣ型A-Dコンバータ，シリアル・インターフェース，クロック，制御ロジックと，すべての機能を集積した製品も手に入ります．

最小限の外付け部品のみでロード・セルなどのセンサを直接接続でき，はかりのコンバータ部分を設計することも可能となっています．

圧力の計測も，このストレイン・ゲージの応用です．液体や気体の流量を計測する場合にも，二つのブリッジの差圧を測定する差圧トランスデューサを使うことがあります．

ブリッジ・トランスデューサ(ブリッジ形の変換器)はセンサとしていろいろな範囲で応用されていて，A-Dコンバータとしての注意事項は共通しています．

コモンセンス(98)
熱電対による絶対温度の測定にはもう一つ温度センサが必要

図27のRTDと書いてあるセンサの役割は何でしょう？　熱電対は異金属間の温度差に関係した起電力が発生するだけなので，絶対温度を測りたい場合は，基準接点の絶対的な温度を計測して補正する必要があります．

センサには測温抵抗体(RTD)，サーミスタ，半導体温度センサなどが使われます．

いずれも抵抗体で，電流(励起電流源)を流すことにより電極間に電位差が生じます．温度による抵抗値があらかじめ規定されているので，電位差を測ることにより絶対温度を知ることができます．

▶電流源の変化を打ち消す接続方法

励起電流源は，温度などの条件の変化により電流値が微妙に変化するため，これにより抵抗の電位差も変化してしまいます．図27のように温特性能の十分に高い基準抵抗をA-Dコンバータの基準電圧入力間に挿入し，抵抗体に流す電流を基準抵抗にも流すことで，電流値の変化を相殺することができます．

▶抵抗の温度特性や発熱が誤差要因となりうる

基準抵抗が誤差原因となるので十分な検討が必要です．より精度を求めるのであれば，抵抗体に電流を流すことによる自己発熱による誤差を考慮する必要があるので抵抗体の抵抗値と選択する電流値を十分検討する必要があります．

最終調整で校正(キャリブレーション)を行っておけば，製品のばらつきの幅を少なくでき，一定期間内の精度が保証できます．　〈高木 秀敏〉

5-11 10 Mspsを越える高速A−Dコンバータの応用

ここ10年で，A−Dコンバータはサンプリング周波数，分解能ともに格段に進歩しています．

高速A−Dコンバータがどのようなところで使用されているかを簡単に説明しましょう．アプリケーションとしてビデオ・カメラ，超音波診断装置，無線通信基地局（BTS）を挙げてみます．

> ──コモンセンス⑨──
> ## 高速A−Dコンバータは
> ## 高周波信号やビデオ信号処理用

● 無線通信基地局（BTS）

高速A−Dコンバータは，携帯電話という意外と身近な電子機器に使用されてます．ここで取り上げるのは，携帯電話と電波でやりとりし，ネットワーク回線との間をとりもつ基地局です．

多数の携帯電話からの音声やデータを取り扱う基地局には，携帯電話よりもさらに高速かつ高分解能のA−Dコンバータが必要です．

▶基地局とは何か

基地局の役割を**図32**に示します．現在の携帯電話では，携帯電話と基地局の間は音声も含めてすべてディジタル・データでやりとりしています．

ただし，電波（高周波信号）はアナログです．高周波信号を送受信する部分には高速なA−DコンバータとD−Aコンバータが必要になります．

例えばAさんの音声は，携帯電話の中でディジタル・データにA−D変換され，電波による伝送に適するよう加工されたあと，高周波信号に変換されます．

基地局で受信された電波はディジタル化され，データの形を取り戻します．このデータは，Aさんの話し相手であるBさんの最寄の基地局に伝送されます．基地局間は有線の電話と同じ電話回線です．Bさんの最寄の基地局では，伝送された信号を高周波信号（アナログ）に変換，無線伝送して，Bさんの携帯に音声を伝えます．Aさんの相手からの返事も同様な処理を介して行われます．

メールやウェブにアクセスしたときのデータも，この音声の代わりにディジタル信号をアナログ信号に変換されて伝送されてきます．

▶基地局の内部構成

現在ほとんどの方が使われている第3世代（3G）携帯電話の基地局は，**図33**のような構成になっています．

高速データ通信を可能とするため，コンバータに限らず使用されるデバイスはすべて高性能でなければなりません．

一般的に，D−Aコンバータには12〜16ビットで200 M〜1.2 Gspsのもの，A−Dコンバータには10〜14ビットで100 Msps程度の性能のものが使われています．

今後もWiMAXやSuper3G，第4世代（4G）の基地局など，データ通信の高速化に伴い，さらに高速，高分解能なものが必要になるでしょう．

● 超音波診断装置

超音波診断装置は，エコーとも言われ，体内の臓器や血流などの健康診断，お腹の中にいる胎児の成長のようすを見るのに使用される危険の少ない装置です．

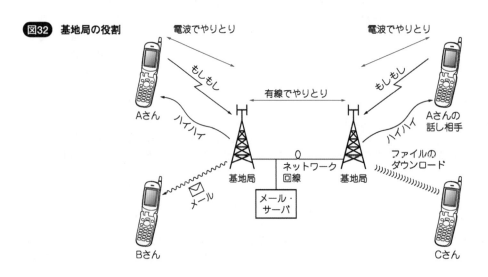

図32 基地局の役割

電波でやりとり　　電波でやりとり

もしもし　　有線でやりとり　　もしもし

Aさん　　ハイハイ　　ハイハイ　　Aさんの話し相手

基地局　　ネットワーク回線　　基地局　　ファイルのダウンロード

メール・サーバ

メール

Bさん　　Cさん

図33 基地局の内部ブロック図

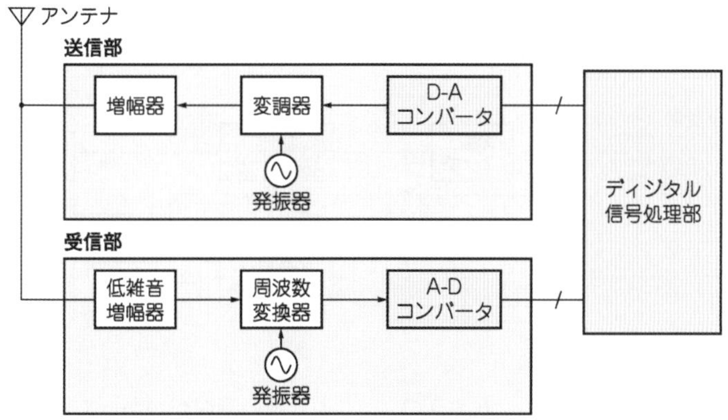

▽アンテナ

送信部

増幅器 ← 変調器 ← D-A コンバータ ← | ← ディジタル信号処理部

発振器

受信部

低雑音増幅器 → 周波数変換器 → A-D コンバータ → | → ディジタル信号処理部

発振器

ここにも高速のコンバータが使用されています.

▶臓器から反射してくる超音波を捉える

　超音波発生回路で作られた信号を，トランスデューサを通して体内に送り出します．**図34**のように，体内臓器から信号が反射してきます．それをトランスデューサで受信し，A-Dコンバータでディジタル化します．その信号を解析することで，臓器や胎児の状態をモニタすることができます．医療用ではないですが，レーダーやソナーも同様な原理です.

▶高速なA-Dコンバータが必要

　一般的に超音波信号は，体内では1530 m/秒の速度で進行します．トランスデューサから送信された超音波が深さ10 cmの臓器で反射され受信されるまでにか

図34 超音波診断装置は臓器などから反射してくる超音波信号を捉えて解析する

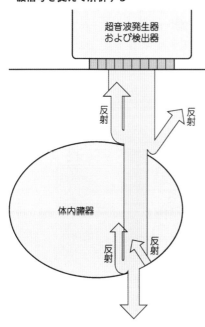

超音波発生器および検出器

反射　反射

体内臓器

反射　反射

かる時間は，約13 μ秒という非常に短い時間です.

　このような高速な信号を捕らえるため，A-Dコンバータは高速である必要があります.

　受信信号はトランスデューサの感度，深度（距離）によって大きな変化のある信号となり，この大きな変化をきちんと処理するためには大きなダイナミック・レンジ（高いビット数）のA-Dコンバータが必要になります.

▶検出信号の大きさを広げるための工夫

　実際の設計では処理したい信号のダイナミック・レンジがあまりにも大きいので，ロー・ノイズ・アンプ（LNA）とゲイン調整用の可変ゲイン・アンプ（VGA）をA-Dコンバータの前段に入れ，ゲインの調整をしてからA-Dコンバータに入れるようにしています.

　単純な考え方をすると，LNAやVGAによるゲイン調整範囲分だけダイナミック・レンジが拡大されたことになります.

▶使われているA-Dコンバータのスペック

　図35に超音波診断装置のブロック図を示します.

　検出器に使われるA-Dコンバータは高速の微弱信号を扱うことから，ダイナミック・レンジの広い，つまり多ビットのものが必要です．一般的には10～12ビットで25 M～80 Mspsのものが使用されています.

　このように高速，高ダイナミック・レンジのコンバータを多数使用することで，鮮明な画像が得られ，動いているようすまでも立体映像で観察できるようになっています．**図35**の回路を集積化することで，ハンディ・タイプの装置も製品化されてきています.

● **ディジタル・ビデオ・カメラ**

　三つのアプリケーション例のなかでもっとも身近なものがこのディジタル・ビデオ・カメラだと思います.

　ハイビジョン・テレビの普及に伴い，高解像度のビデオ・カメラの需要が増えています．高解像度化には，A-Dコンバータの高速化が必要になります.

図35 超音波診断装置のブロック図

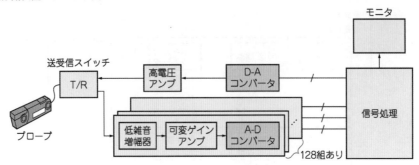

図36 に示すのは，ディジタル・ビデオ・カメラの信号経路の一例です．A-Dコンバータ，D-Aコンバータは個別要素になっていません．A-DコンバータはCCD AFEプロセッサの内部に，D-Aコンバータはビデオ・エンコーダの内部に取り込まれています．

▶使用されているコンバータのスペック

CCD AFEプロセッサには10～14ビットで10 M～75 MspsのA-Dコンバータが，ビデオ・エンコーダでは8～10ビットで27 M～216 MspsのD-Aコンバータが使用されています．なぜこれほど高速のA-D/D-Aコンバータが必要になるかというと，CCDセンサの解像度に関係があります．

▶解像度の高い映像を取り込むには

レンズから取り込まれた光情報はCCDセンサにおいて電気情報へと変換されます．CCDが出力する電気情報はアナログ信号であり，そのアナログ信号をディジタル信号にするためにA-Dコンバータが必要です．

CCDセンサの解像度とは，2次元情報の数（CCDセンサの画素数）を指しています．画素数が多いほど，より自然な，アナログに近い画像が得られます．

画素数が増えると，単純に考えれば，読み出すのに

より長い時間がかかってしまいます．ところが，テレビでは1秒間に読み出さなければいけない画面の枚数が決まっています．

1画面にかけられる時間は同じまま，より多くの画素から信号を読み出さねばなりません．つまり，より高速に信号を読み出す必要に迫られます．

結果として，高速なA-Dコンバータで変換しなければなりません．これが，CCD AFEプロセッサに使用されているA-Dコンバータの駆動周波数が高い理由です．

▶解像度の高い信号を出力するには

D-Aコンバータはテレビにビデオ信号を出力するエンコーダにおいて，ディジタル信号からアナログ信号へ変換するために使われています．

このD-Aコンバータの駆動周波数が高い理由は，解像度の高い（クロック周波数が高い）ディジタル信号をアナログ信号に変換するためです．

周波数の高いディジタル信号でも，駆動周波数の低いDAコンバータによりアナログ信号に変換することは理論上可能です．しかし，それではきめ細かい画像情報が失われてしまいます．

〈馬場 智〉

図36 ディジタル・ビデオ・レコーダのブロック図

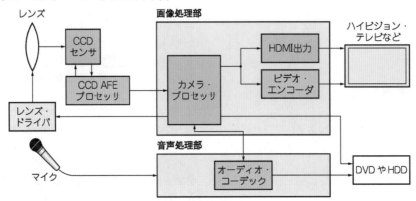

5-12 各種のICの中でも使われている ディジタル信号をアナログに変換するD-Aコンバータ

─── コモンセンス⑩ ───
**D-Aコンバータは基準電圧や
信号の生成に使われる**

▶ A-Dコンバータ内部

D-Aコンバータがもっとも使われているアプリケーションは，実はA-Dコンバータです．

5-6節で解説したA-Dコンバータの図を見るとわかるように，A-DコンバータにはほとんどのアーキテクチャでD-Aコンバータが使われています．

後に説明しますが，D-Aコンバータは高精度な基準電圧源（リファレンス）を必要とします．このリファレンスの精度により，D-Aコンバータを含んでいるA-Dコンバータの精度も左右されてしまいます．

▶ 可変基準電圧源としていろいろな機器の中に

単体のD-Aコンバータの用途としては，直流を出力する可変基準電圧源として使われているケースが多いようです．例えば，温度制御では設定温度への指令，モータ・コントロールでは速度設定などの指令としてマイコンなどからの指示で電圧を変えたい場合に使われています．

▶ 音声や画像の再生部分，通信の送信部分

音声や画像を扱う分野では再生部分に，通信分野では送信部分に使われることになるのは想像がつくと思います．

▶ 任意周波数発生器の内部に

DDS（ダイレクト・ディジタル・シンセサイザ）はD-Aコンバータの応用製品で，任意の周波数の正弦

図37 ダイレクト・ディジタル・シンセサイザ（AD5930）の内部回路

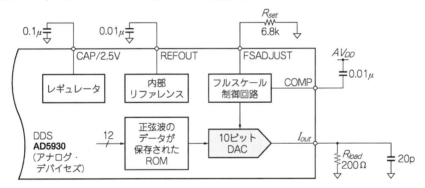

図38 D-Aコンバータからは階段状の波形しか得られない

図39 D-Aコンバータの出力信号をフィルタリングするとアナログ信号が得られる
再現性には，量子化誤差と周波数の上限，二つの限界がある

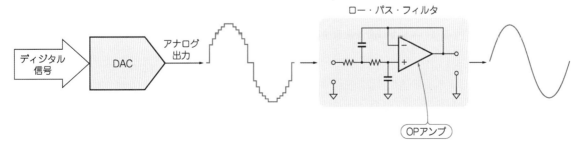

図40 抵抗分圧タイプのD-Aコンバータの出力回路

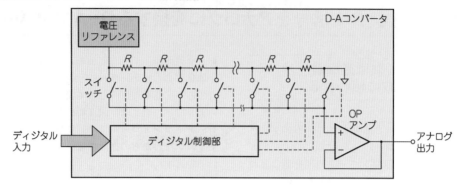

波を発生させることができるICです.

図37 に示すように正弦波1周期分に相当するディジタル・データを格納したROM(ルックアップ・テーブル)をもっており,それから順番に出力されるディジタル・データを高速にD-Aコンバータに入力することで,連続したサイン波出力を得ます.出力される正弦波の周波数,位相を自由に変えられる機能を兼ね備えています.安定した正確な周波数が出力可能で,位相も細かなステップでプログラムが可能です.

計測機器や高機能受信機のローカル発振器(LO)として広く使われています.

コモンセンス⑩
ナイキストの定理は
A-DにもD-Aにも適用される

D-Aコンバータの分解能と速度については,A-Dコンバータの逆と理解すれば,それほど難しくないと思います.

▶階段状の波形しか得られない?

D-Aコンバータの場合は,入力ディジタル値に応じたアナログ電圧(電流)が出力されます.

連続的に増加するディジタル値を入力しても,出力は **図38** のようにステップ状のアナログ出力しか得られないことになります.この状態では,元のアナログ信号を再現しているとはいえません.

▶ロー・パス・フィルタを通せば波形を再現できる

例えば正弦波の情報を出力する場合,D-Aコンバータからは **図39** のように階段的な出力が得られます.

この波形をLPF(ロー・パス・フィルタ)に通して,階段の角の部分に含まれる高い周波数成分を除去すると,きれいな正弦波を復元できます.

▶量子化誤差は復元されない

A-Dコンバータで失われた量子化誤差は復元できません.A-D変換時に加わった量子化誤差は,D-A変換してもそのまま現れます.

アナログ信号の再現には,振幅方向の誤差だけでな

く,周波数にも限界があります.

A-Dコンバータで連続波形をディジタル化する際に「ナイキストの定理」と呼ばれるサンプリング理論があります.

入力信号の周波数f_{in}を再現できるサンプリングの周波数f_Sは,入力信号の2倍以上でなくてはならない,という原則があります.式で書けば$f_S \geqq 2f_{in}$です.

このことはD-Aコンバータの場合にも当てはまり,D-Aコンバータの変換速度(サンプリング周波数f_S)が決まっていると,出力できる最大周波数(f_{OUT})はその1/2になります.

例えば,10 MHzのサンプリング・クロックを使っているD-Aコンバータで出力できる正弦波は最大5 MHzになります.

コモンセンス⑫
電圧出力型と電流出力型がある

D-Aコンバータの基本はごく簡単で, **図40** のように高精度リファレンスと抵抗,スイッチの組み合わせで実現できます.

実際には,図のような電圧を分圧する方式以外にもいろいろな方法があります.電流を分流させたり,OPアンプを組み込んだりなどいろいろな工夫がされ,それぞれ特徴をもった製品の数々があります.

高速のD-Aコンバータはほとんどの場合,電流出力となっています.

電圧出力のほうが扱いかたは楽で,しかも出力段にバッファが内蔵されていれば出力信号をそのまま使うことができるので,電圧出力のD-Aコンバータもたくさん売られています.

変換スピード,動作電源電圧,出力電圧範囲,パッケージ・サイズ,チャネル数などの組み合わせで非常にたくさんの選択肢があります.

〈服部 明〉

第**6**章
数W以上の大電力を処理する

パワー・デバイス活用のコモンセンス

6-1
省エネルギー化に重要な役割を果たす
パワー・デバイスの役割

— コモンセンス⑩ —
パワー半導体の進化は省エネに欠かせない

図1のように，他種のエネルギーを電気エネルギーに変換する部分，電圧や周波数を変換する部分，最終的に目的のエネルギーに変換する部分，つまり電力変換を行う部分にパワー半導体が使用されています．

利用されたエネルギーも，利用されなかったエネルギーも，最終的には熱エネルギーとして環境に排出されます．

利用されないエネルギーをゼロにし，利用されるエネルギーをできるだけ多くするように，各種機器の省エネが要請されています．省エネを実現するためには，システム的な工夫，回路的な工夫，パワー半導体の高効率化が必要です．

現在のパワー半導体は，さらなる高効率化を目指して技術開発が進んでいます．

— コモンセンス⑩ —
1W以上の電力を扱う半導体素子

パワー半導体は電力変換部分に使用される半導体で，一般に1W以上の電力を扱うものを指し，それ以下は小信号半導体と言います．

パワー半導体を扱う電力（電圧×電流）で分類したのが**図2**です．以後の記事では，中/小出力電源や中/小型モータ駆動などで使用される中電力パワー半導体や小電力パワー半導体を取り上げます．

パワー半導体は電力を扱うため，放熱や配線など取り扱いのしやすさから，ICよりもディスクリート（個別）半導体が多いのですが，100W以下の中/小電力変換にはパワーICも使用されます．

他種の半導体のなかにも，パワー半導体顔負けの電力を消費するものがあります．パソコン用のCPUは動作時消費電力が100W以上ありますが，CPUをパワー半導体とは呼びません．

図1 パワー半導体が使われている身近な機器の例（太陽電池パネルを除く）

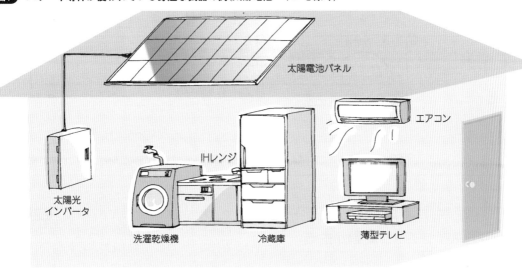

太陽電池パネル

エアコン

IHレンジ

太陽光
インバータ

洗濯乾燥機　　冷蔵庫　　薄型テレビ

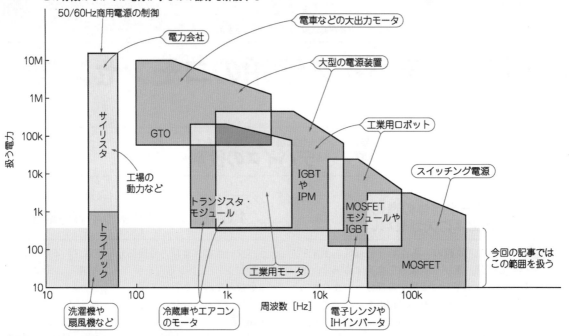

図2 **図2 パワー半導体の分類**
この分類のなかでは電力が小さめの部分を解説する

50/60Hz商用電源の制御
電力会社
電車などの大出力モータ
大型の電源装置
工業用ロボット
スイッチング電源
工場の動力など
サイリスタ
GTO
トライアック
トランジスタ・モジュール
IGBT や IPM
MOSFET モジュールや IGBT
MOSFET
今回の記事ではこの範囲を扱う
工業用モータ
洗濯機や扇風機など
冷蔵庫やエアコンのモータ
電子レンジや IHインバータ
周波数〔Hz〕
扱う電力

図3 **高効率なスイッチング動作が主流になっている**

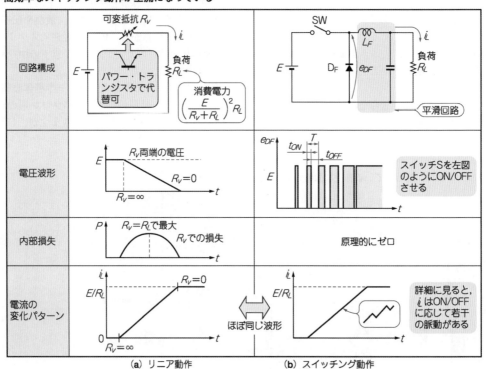

(a) リニア動作　(b) スイッチング動作

コモンセンス⑩⑤
**高効率な
ON/OFF スイッチング駆動が主流**

高効率化のため電力損失の少ない動作として，スイッチング動作が主として使用されます．**図3** に，リニア動作とスイッチング動作の違いをまとめます．直流から低周波での出力波形は同じですが，内部損失に大きな違いがあることがわかります．〈馬場 清太郎〉

6-2

種類によって異なる特性と最大定格に留意する
スイッチング用のデバイスが主流

コモンセンス⑩⑥
ON/OFF スイッチングして使う素子がほとんど

細かなことは後回しにして，一般に販売されている主なパワー半導体の種類を挙げましょう．

- ダイオード
- パワーMOFET
- IGBT
- サイリスタ（トライアックを含む）

記号で書くと **図4** です．端子数はダイオードが2端子，それ以外は3端子であることを覚えてください．

● **スイッチングさせて使うことがほとんど**

次にパワー半導体の動作について説明しましょう．

誤解を恐れずに書くと，パワー半導体の動作はほとんどスイッチングです．

スイッチングとは，電灯の機械的なスイッチのように，単純にON/OFFを繰り返すことです．

以下，機械式スイッチとパワー半導体を対比させて説明を続けましょう．

● **パワー半導体は2端子または3端子**

パワー半導体はスイッチング動作をすると書きました．パワー半導体には，機械的スイッチに相当する二つ以上の端子があるでしょう．

機械式スイッチとは異なる点もあります．機械的スイッチに相当する端子には，半導体ゆえの極性があるのです．

▶ **ON/OFFの制御をゲート端子で行う**

2端子のダイオードは除外して，話を進めます．

機械式スイッチは人間によってON/OFFします．それに対して，パワー半導体では，他の電子回路からON/OFFするための信号端子がついています．この端子はゲート端子と呼ばれています．

つまり，パワー半導体は，機械式スイッチの端子に相当する二つの端子があり，それにON/OFFのためのゲート端子が1端子で，都合3端子の構成なのです．

コモンセンス⑩⑦
かならず最大定格以下で使う

● **理想のスイッチ**

機械式スイッチでもそうであるように，パワー半導体でも格や電気的な性能が定められています．

誤解を恐れず書くと，理想デバイスと現実のデバイスの差が定格や電気的性能と理解してください．

例えば，理想のスイッチの条件は，次のようなものでしょう．

理想条件1：無限の電圧/電流で使える

理想条件2：ON時の抵抗は0Ω，OFF時の抵抗は∞Ω

理想条件3：切り替え時間は0秒

もちろん，このような理想スイッチは存在しません．しかし，使用範囲を限定すれば理想とみなせる場合もあるでしょう．

理想の素子が存在しないからこそ，定格や電気的性能で規定している，と考えてもよいでしょう．

● **使用限界を決めているのが最大定格**

最大定格は，使用限界と理解してください．先の理想条件1に対して，現実的デバイスの答えです．

使用限界ですから，最大定格を越えた使用は絶対にしてはいけません．最悪の場合，破損，焼損などの不慮の事故を招きます．

パワー部の破損は，多くの場合システムの動作に致命的な影響を及ぼします．この部分は特に強調してお

図4 パワー半導体のいろいろ
ダイオードも2端子の特殊なスイッチと考えられる

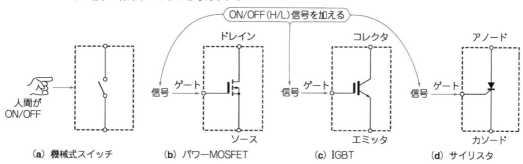

(a) 機械式スイッチ　　(b) パワーMOSFET　　(c) IGBT　　(d) サイリスタ

表1　パワー・デバイスのON/OFF時

素子	機械式スイッチ	ダイオード	サイリスタ （トライアック含む）	IGBT	パワー MOSFET
ON 時の特性	接触抵抗	順電圧または 順方向降下電圧	オン電圧	飽和電圧	オン抵抗
OFF 時の特性	絶縁抵抗	逆電流	逆電流（オフ電流）	コレクタ遮断電流	ドレイン遮断電流

きます．

▶サージ電圧に注意

　高速のスイッチング特性をもつパワー半導体は，高いスイッチング周波数で使うことができるので，機器の小型化や軽量化に大きく貢献します．

　その反面，スイッチング特性の優れたデバイスは，プリント基板の設計や配線のできぐあいに厳しいパワー・デバイスと言えます．

　プリント基板などの配線に寄生するインダクタンスによって $L\, di/dt$ で決まる大きなサージ電圧が発生します．スイッチング特性に優れ，電流の変化が急であるほどサージ電圧は大きくなります．パターンや配線の L ぶんが大きいと，このサージ電圧がより大きくなるのです．

　大きなサージ電圧が発生すると，機器が大きなノイズ発生源となります．それだけでなく，最大定格を越える場合には破損の原因ともなります．

　対策は，パターンや配線を短く，かつ近接効果の影響を少なく設計することです．

―――――― コモンセンス⑩ ――――――
電圧は最大定格の70 ％，電流は30 ％以下で使う

　パワー半導体を使った機器を設計する場合，一般的にデバイスの定格に対して動作条件を低減し，余裕をもたせて使うように設計しなければいけません．

　このように使用する条件を定格より低減させて使うことをディレーティング（derating）と呼びます．

　ディレーティングの割合は，最悪でも電圧は最大定格の7割以下，電流は最大定格の3割以下にします．

―――――― コモンセンス⑩ ――――――
ON/OFF 時の特性は電圧と電流で規定されている

　パワー半導体をディレーティングされた設計で使うとして，話を進めましょう．

　スイッチの特性で重要なパラメータは，スイッチのON/OFF 時の抵抗に相当する成分です．先の理想条件2を思い出してください．

表2　パワー半導体とスイッチング周波数

パワー半導体の種類	利用されるスイッチング周波数
パワー MOSFET	50 kHz から 10 MHz 程度
IGBT	20 kHz から 50 kHz 程度
サイリスタ （トライアック含む）	商用周波数（50 Hz，60 Hz）程度

（a）3 端子型パワー半導体（パワー MOSFET，IGBT，サイリスタ）

ダイオードの種類	利用されるスイッチング周波数
SBD	20 kHz から 10 MHz 程度
FRD	20 kHz から 200 kHz 程度
整流ダイオード	商用周波数（50 Hz，60 Hz）程度

SBD：Schottky Barrier Diode，ショットキー・バリア・ダイオード
FRD：Fast Recovery Diode，ファスト・リカバリ・ダイオード

（b）2 端子型パワー半導体（ダイオード）

　表1 を見てください．機械式スイッチではON/OFF 時の抵抗が記載されています．しかしパワー半導体では，パワー MOSFET を除くと，ON 時の特性はスイッチ両端の電圧，OFF 時は漏れ電流で規定しています．この辺も半導体らしさでしょうか．

―――――― コモンセンス⑩ ――――――
素子によって利用するスイッチング周波数が違う

　スイッチのON 状態からOFF 状態へ，OFF 状態からON 状態への切り替えの速さも重要です．

　先の理想条件3のことです．この特性をスイッチング特性と呼んでいます．

　速い順で並べると，

　　パワーMOSFET ＞ IGBT ＞ サイリスタ
ダイオードでは，

　　SBD ＞ FRD ＞ 一般整流ダイオード
となります．

　スイッチング特性は，主に1秒間あたりの切り替え回数＝スイッチング周波数に制限を与えます．

　一般的に使われているスイッチング周波数は 表2 のように分類できます．

〈瀬川　毅〉

6-3

外形から見るパワー・デバイス
放熱性とインダクタンスに配慮したパッケージ

● **デバイス選定は外形から**

現在の設計は，回路の性能ばかりでなく小型化も要求されます．まずはできる限り小さいデバイスから探し，回路の仕様や要求を満たさない場合に，より大きなパッケージのデバイスを探しましょう．

デバイスの候補として，同じパッケージで最大定格が異なるデバイスを3種類ほど挙げておきましょう．実験や試験の結果，当初選んだデバイスでは十分な性能やディレーティングをとれないとき，他のデバイスに変えてみるのです．このとき，同じパッケージであることが重要です．容易に交換ができるからです．

● **放熱性の向上とインダクタンス低減を目指している**

それでは実際のパワー半導体を見てみましょう．パワー半導体の外観のポイントは二つあります．

一つは，パワー半導体自体の発熱をどのように放熱するのか，その点に注目してください．

もう一つは，インダクタンス低減です．パワー半導体は外形がどうしても大きくなり，内部の配線が長くなります．その結果，配線のインダクタンス成分が増える問題をもっています．その点をどのように解決するのか，その点にも注意してください．

― コモンセンス⑪ ―
中小容量型は基板に，大容量型は放熱器に放熱

● **小容量パワー半導体…端子数を多くしてインダクタンスを低減しプリント基板に放熱**

扱うパワーが比較的小容量なデバイスは， 写真1

写真2 中容量を扱うパワー半導体の例
左からTO-251，TO-252，TO-263

写真1 小容量を扱うパワー半導体の例
SO-8

のように外形も小型で表面実装形状が一般的です．

パワーが少ないので半導体は発熱が少ないのですが，放熱は端子から直接プリント基板に熱を逃がすことで実現します．

小型であるためパワー半導体内部の発熱部分と端子までの配線が短く放熱に有利で，配線インダクタンスも少なくなっています．

パワー半導体は3端子と書きましたが，SO-8型などのタイプは，同じ電極の端子数を増やすことで，熱伝導を良くし，かつ配線インダクタンスや配線抵抗を減らす工夫がされています．

● **中容量パワー半導体…表面実装型でプリント基板に放熱**

扱うパワーが中容量なデバイスは， 写真2 のように，外形も少し大きくなります．放熱もより重要で，端子から直接プリント基板に熱を逃がすことで実現します．

パワー半導体自身とプリント基板から，熱の伝導と輻射そして対流が発生し，放熱されます．

このクラスになるとパワー半導体の周囲の部品も暖められるので，熱に敏感な部品をパワー半導体の周囲に実装してはいけません．

● **大容量パワー半導体…ヒートシンクで放熱**

扱うパワーが大きいデバイスは，パワー半導体自身の発熱が大きくなることが多いので， 写真3 のように，ヒートシンクによる放熱が考慮された外形になっています．

パワー半導体の熱をヒートシンクに伝えることで，ヒートシンクから熱の伝導，輻射，対流を発生させ，放熱します．ヒートシンク自体が大きいため，その影響で配線が長くなり，実装密度が上げられないのが難点です．

写真3 大容量を扱うパワー半導体の例
左からTO-220，TO-220フル・モールド，TO-3P，TO-3PL，TO-247AA

写真4 放熱性を高めたパッケージの例
Si7848（ビシェイ・シリコニクス）

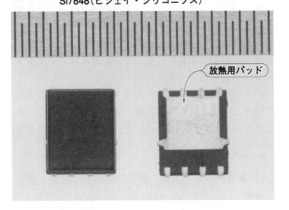

放熱用パッド

写真5 インダクタンスを低減したパッケージの例
DirectFET（インターナショナル・レクティファイアー）

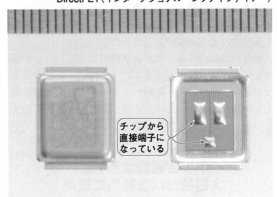

チップから
直接端子に
なっている

▶ヒートシンクとの電気的な絶縁

　ヒートシンクに実装することを考慮すると，ヒートシンクとの絶縁が気になります．

　電極部分を絶縁してヒートシンクへの実装を容易にしたフル・モールド型と呼ばれるパワー半導体も多数販売されています．

● 分類できないパワー半導体もある

　上記の単純な分類に該当しないパワー半導体もあります．例えばTO-263のタイプは，大型パワー半導体パッケージであるTO-220を表面実装型にしたものです．

— コモンセンス⑫ —
パッケージによるインダクタンス 低減と放熱性向上の傾向

　写真4 に示すように，ボディ本体の裏側でプリント基板とはんだ付けできるようにして放熱しやすくし

たタイプが実用化しています．

　内部にある半導体の電極とプリント基板を直接的にはんだ付けして，配線の長さを非常に短縮することでインダクタンス低減を実現している品種があります．例を **写真5** に示します．

— コモンセンス⑬ —
端子間の距離は安全規格を考慮して 決められている

　パワーを扱う電子機器，特に商用電源に直結する1次回路側と呼ばれる部分では，パワー半導体の破損に対して発煙，発火が起こらないように厳しく安全規格が定められています．

　これはパワー半導体にも適用されます．具体的には絶縁のための最小空間距離として，端子間に2mm以上の距離が必要です．この安全規格に適合するのは，パッケージでいえばTO-3P，TO-3PLです．

〈瀬川　毅〉

6.4

損失が小さく発熱しないパワー半導体と駆動法
パワーMOSFETの特徴

オン抵抗が小さくスイッチングが速いものほど発熱しない

● 低オン抵抗&高速スイッチングの素子ほど低ロスで良いスイッチ

機械式スイッチでは，ON時の抵抗，つまり，接触抵抗の低さは，スイッチとしての性能の良さを示しています．

パワーMOSFETではオン抵抗と呼ばれ，データシートに記載されています．この値は低いほど良いスイッチ素子といえます．

ダイオード，サイリスタ，IGBTでは，ON時の両端電圧がロスになります．順方向電圧(ダイオード)，飽和電圧(IGBT)，ON電圧(サイリスタ)と呼ばれています．この電圧は低いほうが望ましいのですが，半導体自体の特性が関係しているので，限界があります．ON時の両端電圧が気にならないような高めの電圧で使うのに向いたデバイスなのです．

スイッチの切り替え時間は短いほうが損失が小さく良いのですが，現実はそれほど甘くありません．一般的なパワーMOSFETのスイッチング特性は **図5** のように決めてあり，デバイスを比較するときの参考になります．

● MOSFETのゲートは低インピーダンスで駆動する

MOSFETのゲート端子には，大きな入力容量 C_{iss} が寄生的に存在します．このゲート入力容量 C_{iss} は，ゲート電圧の急速な変化を抑える働きをもち，高速スイッチングの障害となります．

このため，パワーMOSFETは低インピーダンスでドライブする必要があります．

データシートには書かれていませんが，実測するとゲート-ソース間に抵抗成分が存在します．この抵抗成分も高速スイッチングの際に気になります．

● ゲート電圧が高いほどパワーMOSFETのオン抵抗が下がる

パワーMOSFETの場合，オン抵抗とゲート電圧には密接な関係があります．**図6** のように，ゲート電圧が高いほどオン抵抗が低くなる特性をもっています．

〈瀬川 毅〉

図6 ゲート電圧 V_{GS} によってオン抵抗が変わる 2SK2382(東芝)の例

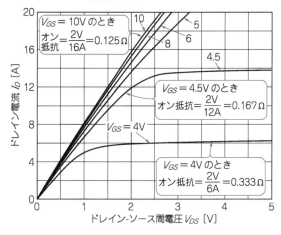

図5 パワーMOSFETのスイッチング特性

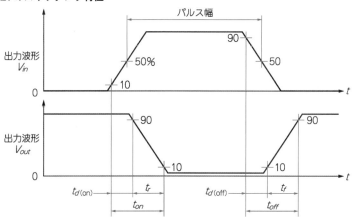

6-5 最適なゲート電圧で駆動する
パワーMOSFETを高速にスイッチングするには

コモンセンス⑪⑮
駆動回路の出力インピーダンスが低いほど発熱しない

パワーMOSFETを高速でスイッチングさせるには，ゲート端子を低インピーダンスでドライブします．それはゲートの入力容量 C_{iss} をできる限り急速に充放電させるためです．

その具体的方法の例が **図7** です．このように，利得帯域幅 f_T が300 MHz程度で電流容量が1 A以上のトランジスタを使ったエミッタ・フォロワでパワーMOSFETをドライブする回路がお勧めです．

動作は，ON/OFF信号が "H" のとき，トランジスタ Tr_1 がONしてパワーMOSFET Tr_3 のゲートの C_{iss} を急速に充電してゲート電圧が上昇していき，やがてパワーMOSFET Tr_3 はONします．

ON/OFF信号が "L" のとき，トランジスタ Tr_1 はOFF，Tr_2 がONして C_{iss} を急速に放電し，ゲート電圧は下降，やがてパワーMOSFET Tr_3 はOFFします．

● 高速スイッチングならゲート電圧を低めに

ゲート端子のドライブ電圧を高くしたほうがオン抵抗が低くなり（**図6**），一見よさそうにみえます．しかし，実際にスイッチングに使うとそうでもありません．

ゲート電圧が高くなるとスイッチング特性のターン・オン・ディレイが大きくなる傾向があります．ゲート入力容量 C_{iss} に蓄積される電荷量，つまりゲート・チャージの影響です．

となれば，パワーMOSFETには最適な動作ゲート電圧が存在しそうです．周囲の回路条件が決まったら，電力の変換効率を測定しながら，ON時のゲート電圧を実験的に決めるとよいでしょう．

● ロジック回路で直接駆動したいときは

パワー半導体だけについて論じてきましたが，パワー半導体を単独で使用するわけではありません．CPU，FPGAなどのディジタル・デバイスの出力でスイッチングさせることは，非常に多い設計事例です．

そのような条件では，パワー半導体のON/OFFを切り替える電圧，スレッショルド電圧 V_{th} は，低いことが望まれます．とはいえスレッショルド電圧 V_{th} の低いパワーMOSFETは，ゲートの入力容量 C_{iss} が大きくなる傾向があります．

最適なスレッショルド電圧 V_{th} が存在すると思われます．私のお勧めは，3.3 V，5.5 Vといった標準的なインターフェース電圧で使える1 Vから2.5 V程度です．

〈瀬川 毅〉

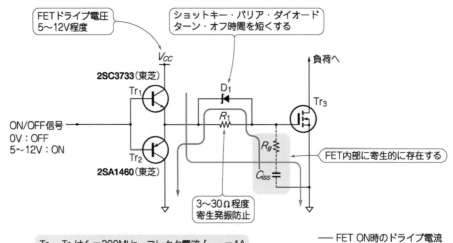

図7 MOSFETを高速スイッチングさせる駆動回路の例

FETドライブ電圧 5〜12V程度

ショットキー・バリア・ダイオード ターン・オフ時間を短くする

V_{CC}

2SC3733（東芝）

Tr_1

D_1

負荷へ

Tr_3

ON/OFF信号
0V：OFF
5〜12V：ON

R_1

R_g

FET内部に寄生的に存在する

Tr_2

2SA1460（東芝）

C_{iss}

3〜30Ω程度
寄生発振防止

Tr_1，Tr_2は $f_T=300MHz$，コレクタ電流 $I_{C(on)}=1A$

—— FET ON時のドライブ電流
—— FET OFF時のドライブ電流

6-6

MOSFET ドライブ回路を IC 化した
ワンチップのゲート・ドライブIC

コモンセンス⑯
保護機能内蔵のワンチップ・ドライバが市販されている

前節のようにディスクリートのトランジスタでドライブ回路を作ってもよいのですが，ドライブ回路はIC化もされているので紹介しましょう．

内部回路を **図8** に，外観を **写真6** に示します．

出力の電流容量は最大 1.5 A と，パワー MOSFET をドライブするのに十分な性能です．

この MC33152P（オン・セミコンダクタ）で注目すべき点は，電源電圧が 5.7 V 以下の電圧で出力が OFF となる UVLO（Under Voltage Lock Out）機能をもっていること，出力には 100 kΩ が内部で接続されていることです．これは，機器の電源投入時など電源電圧が不安定なとき，ドライバ出力を"L"として，パワー半導体を OFF の状態にして破損させないための工夫です．このように「破損させない」ことは，パワーを扱う機器で一番重要なポイントです．

コモンセンス⑰
ブートストラップ・ハイサイド駆動でワンチップ化を実現

現実のパワー回路では．**図8** のようにパワー

MOSFET のソースとドライブ IC のコモンが接続される場合ばかりとはかぎりません．パワー MOSFET が ON/OFF 信号のコモンより高い電圧の回路に接続されている回路構成も多いでしょう．

そのような電圧の高い回路部分のパワー MOSFET のドライブ回路をハイサイド・ドライブと呼びます．そうしたハイサイド・ドライブの代表は，**図9** のブートストラップ回路でしょう．

● ブートストラップ回路の動作

ON/OFF 信号が"H"のときに，トランジスタ Tr_3 が ON ですね．その結果トランジスタ Tr_1 が OFF，Tr_2 が ON して，ゲート入力容量 C_{iss} にたまった電荷を急速に放電します．その結果，パワー MOSFET Tr_4 が OFF するのです．

さてパワー MOSFET Tr_4 が OFF すると，ソース電圧は 0 V 付近に下がるでしょう．そうすると，ダイオード D_1 は ON して，コンデンサ C_1 は V_{CC} に急速に充電されます．このコンデンサ C_1 にたまった電荷が，パワー MOSFET Tr_4 を ON するためのエネルギーになるのです．

今度は ON/OFF 信号が"L"となると，トランジスタ Tr_3 が OFF するでしょう．そしてトランジスタ

図8 ワンチップ・タイプの MOSFET ドライブ IC

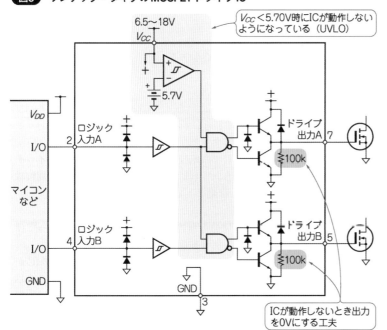

写真6 ワンチップ・タイプのパワー MOSFET ドライブ IC
MC33152P（オン・セミコンダクタ）

図9 ブートストラップというハイサイド・ドライバ用の回路例

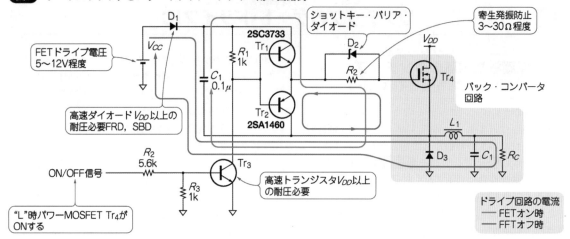

図10 ICになったブートストラップ・ドライブ回路例

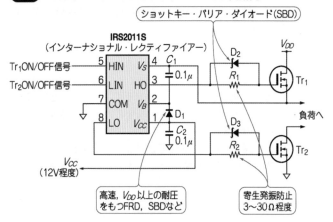

写真7 ブートストラップ回路を内蔵したドライブICの例 IR2011S（インターナショナル・レクティファイアー）

Tr_1がON，Tr_2がOFFして，ゲート入力容量C_{iss}を急速に充電します．その結果，パワーMOSFET Tr_4がONするのです．

ブートストラップ回路の注意すべき点も書いておきます．パワーMOSFET Tr_4をONさせるエネルギーをコンデンサC_1に充電させるため，必ずパワーMOSFET Tr_4のソース電圧が0 V付近になる時間が必要です．

ダイオードD_1は高速でV_{DD}以上の耐圧が必要です．コンデンサC_1の容量はゲート入力容量C_{iss}の10倍以上の値が良いでしょう．

もちろんこのブートスラップによるドライブ回路もIC化されています．種類がいくつかありますが，**写真7**，**図10**のようなものが一般的と思われます．

ハイサイド側ばかりでなく，パワーMOSFETのソースとドライブICのコモンが接続されるローサイド側のドライバもICの中に含まれています．

● **絶縁型のICもある**

フォトカプラによって絶縁されたタイプのドライバICも発売されています．

このタイプは，ブートストラップ回路と異なりパワーMOSFETをONのまま，OFFのままにしておくことができます．

欠点として，絶縁された電源が必要です．スイッチング速度もあまり速くないので，スイッチング周波数は20 kHz程度以下でしょう．

＊

半導体開発者向けに，ドライブICはこうあってほしいとの希望も書きましょう．

まずなんといっても5 Vで動作するドライブICが多くの種類でほしいところです．出力電流は1.5 A以上，UVLOの機能も必須でしょう．あとは，出力電流を除いたIC自体の消費電流を少なくしてほしいと思います． 〈瀬川 毅〉

6-7

高速なスイッチングが可能
ドライバとパワー・デバイスが一つになったIC

コモンセンス⑱
MOSFETとドライバを
ワンチップ化すると高性能が得やすい

● 1MHz以上のスイッチングが可能に

パワーMOSFETのドライバICはたいへん便利で，ここ10年ほどディスクリート部品で回路を構成することがなくなりました．

しかし，そのなかで不満も生じました．パワーMOSFETの型番によって最適なドライブ条件が変わるので，その点を実験で調整/確認する必要があります．また，ゲート端子の配線も最短とはいきません．

この二つの点が，1MHz以上のスイッチング周波数で動作を難しくしていた理由の一つでした．

しかし，ここ数年パワーMOSFETとドライブICが一つになったICが発売されました．いわばドライブICつきパワーMOSFETの登場です．外観の例を 写真8 に示します．

写真8 複合パワー・デバイスの例

(a) TB7004FL

(b) IR3820

● メリットとデメリット

ドライブICつきパワーMOSFETのメリットを挙げてみましょう．

- ●部品点数が少ない
- ●優れたスイッチング特性をもつ
- ●小型

IC化することで外部の部品点数が少なくなり，内部パワーMOSFETの特性に最適化したドライブを最短の配線ですることで，優れたスイッチング特性を得て，発熱も少なくなり小型化できるでしょう．その結果，スイッチング周波数は3MHz程度まで実用化しています．

デメリットも挙げておきます．

- ●使用できる電圧電流の幅が少ない

ドライブICつきパワーMOSFETは大口需要が見込める市場に特化した製品で，汎用の製品ではないためです．

1.2Vや2.5Vといった低電圧出力のDC-DCコンバータ用途に限定された製品が多いことも事実です．それゆえ，電源電圧が12V以上で使える製品は非常に少ないのが現状です．

コモンセンス⑲
コイルもワンチップ化した
オールインワン型も登場

IC化のトレンドは，ドライバとパワーMOSFETだけにはとどまりません．近年は，すべてDC電源用途

写真9 ワンチップのAC-DCコンバータ
Power Intergrations社のTOPSwitch

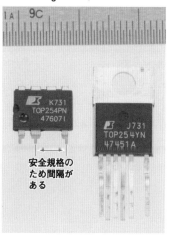

安全規格のため間隔がある

ですが，出力電圧安定化のためのネガティブ・フィードバック用エラー・アンプ，基準電圧，保護回路などまで内蔵した製品も市販されています．

こうした製品のメリットは，最小の部品でDC電源を構成できることです．

▶汎用だが最小部品構成のSwitchシリーズ

商用電源を整流した後のDCを+5V，+12Vに変換する絶縁型DC-DCコンバータ用ICがいくつかシリーズ化されていますので紹介しましょう．

TOPSwitch：出力電力20Wから330Wの用途
TinySwitch：出力電力20W以下の用途
LinkSwitch：出力電力20W以下でACアダプタ
/バッテリ・チャージャ用途

これらの外観を 写真9 に示します．外部部品が非常に少なく構成でき，コスト的にも非常に有望なパワー半導体です．

▶コイルまで内蔵

さらに現状では究極と思われるほどIC化されたパワー半導体を紹介しましょう， 写真10 です．

用途は非絶縁型のDC-DCコンバータで，回路構成は一般的なバック・コンバータ(Buck Converter)です．このICは，外付け部品は入力側と出力側の積層セラミック・コンデンサだけ，という非常にシンプルなものです．

さらに，内部のスイッチング周波数は10MHzまで実現しています．

*

このように今後もパワー半導体はIC化，高集積化が進んでいます．将来を見据え，新しいパワー半導体の要望も書いておきましょう．

まずデバイス情報の充実です．最大定格ばかりでなく，アバランシェ耐量と過渡熱抵抗は，ぜひ記載してほしいデータです．

写真10 コイルまで内蔵した電源デバイス
Enpirion社のEN5335Q

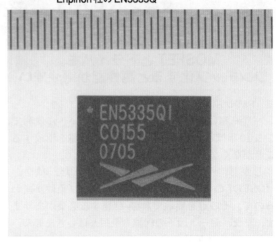

ここで紹介したような新しいパワー・デバイスは，製品ごとにパッケージが異なるので，非常に使いにくく感じます．ぜひともパッケージを3種類以下に標準化して，製品化してほしいと思います．

─── コモンセンス⑫ ───
電源の要らない絶縁ドライバIC

ハイサイド・ドライバや絶縁が必要な場合のドライバなどとして，スイッチング周波数が100Hz以下ならば，フォトボル出力のドライバIC，TLP590Bがお勧めです．内部回路を 図11 に，外観を 写真11 に示します．電源が不要というのが大きな魅力です．

〈瀬川　毅〉

図11 内部に太陽電池のようなものが入っている

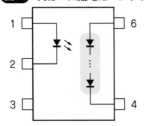

1：アノード(LED)
2：カソード(LED)
3：N.C.
4：カソード
6：アノード

写真11 フォトボル出力のドライバIC TLP590B（東芝）

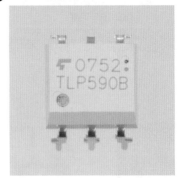

第 **7** 章
電子回路の安定動作に欠かせない

電源回路のコモンセンス

7-1
高安定で低ノイズ
リニア動作の電源IC

―コモンセンス⑫―
低雑音が必要なところには
リニア動作の電源を使う

かつてパワーICには，リニアICがたくさんありました．最近では省エネのため，ほとんどのパワーICがリニア動作からスイッチング動作に切り替わっています．

ところが，ひたすら高効率を目指すパワーICのなかで，唯一リニア動作の新製品が出ているのが，直流定電圧電源用ICです．もちろん，スイッチング動作の電源用ICも選択に困るほど多くの新製品が出ています．

高機能の電子機器では，高安定/低雑音の電源の需要が増加しています．スイッチング動作の電源では要求を満たせないため，最近でも直流定電圧電源用リニアICの新製品が続々と出ています．

● **直流定電圧電源とは**

電子機器内部には種々の回路（IC）があり，それらを安定に動作させるため直流定電圧電源が使用されています．直流定電圧電源に求められる特性として，次の項目が挙げられます．

▶高効率

エネルギーは本来の仕事に使いたいので，電源で無駄には使いたくありません．

▶超小型

電源が大きいと，本来の仕事をさせる部分が小さくなり，機器の形状が大きくなります．

▶高安定

周囲温度，負荷（ICの）電流が変化しても，電圧は変わらないほうがよいでしょう．ICのなかには，高安定の電源電圧を要求するものもあり，その場合には，より高安定なリニアICを電源に使用します．

▶低雑音

電源に雑音が多いと，ICの動作に影響することがあります．その場合には，本質的に低雑音のリニア

図1 2種類のリニア・レギュレータ

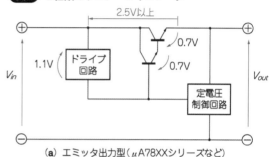

（a）エミッタ出力型（μA78XXシリーズなど）

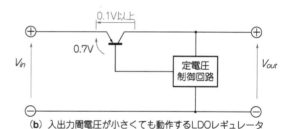

（b）入出力間電圧が小さくても動作するLDOレギュレータ

ICを電源に使用します．

―コモンセンス⑫―
LDOはリニア電源だけど
損失を小さく抑えることができる

高安定で低ノイズのリニア・レギュレータの長所を活かし，短所である損失をいかに減らすかということから，最近のリニア・レギュレータICは開発されています．

リニア・レギュレータには， **図1** に示すように，μA78xx（xxには出力電圧値が入る）シリーズに代表される従来型レギュレータICと，最近の高効率型LDO（Low DropOut，低電圧降下）レギュレータICの2種類があります．

従来型ICは出力電圧＋2.5 V以上の入力電圧を最低でも必要としますが，LDOの場合は，品種により異なりますが，出力電圧より0.1 V高いだけでよいものも

表1 5V, 1Aでレギュレータの効率を比較してみる
入出力電圧差が小さい場合には, スイッチング・レギュレータとリニア・レギュレータの効率は差がない. 低価格で低雑音のリニア・レギュレータのほうが優れているといえる

品種	リニア・レギュレータ			スイッチング・レギュレータ	
	入出力電圧差 0.5V (LDO)	入出力電圧差 2V (LDO)	入出力電圧差 4V	バイポーラ・トランジスタ	パワー MOSFET
効率	91%	71%	56%	60%〜80%	70%〜95%

図2 LDOレギュレータを高効率で使うには

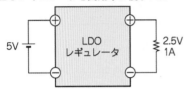

損失=(5V−2.5V)×1A=2.5W

(a) LDOレギュレータだけのとき

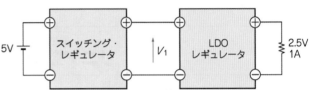

スイッチング・レギュレータの効率を90%とすると
V_1=2.8Vのとき

$$損失=\frac{1-0.9}{0.9}×(5V-2.8V)×1A+(2.8V-2.5V)×1A$$

スイッチング・レギュレータの損失　　LDOレギュレータの損失

=0.54W
V_1=3.3Vのときは同様に
損失=0.72W

(b) スイッチング・レギュレータと合わせて使ったとき

あったり, 必要な入力電圧が大幅に低くなっています.
表1に5V, 1A出力の電源回路の概略の効率をあげます. 入出力電圧差が少ない場合には, スイッチング・レギュレータよりもLDOのほうが価格およびノイズの点で優れています.

● **LDOの高効率を生かすには？**

LDOレギュレータを使用して高効率電源を作るには, 入出力電圧差を小さくすることが必要です.
図2に, 5V入力から2.5V 1A出力を得るとき, LDOレギュレータだけを使う場合と, 効率90%のスイッチング・レギュレータと組み合わせて使う場合の損失を計算しました.
スイッチング・レギュレータを前置すれば, LDO単体で使用するときに比べ大幅な損失低減になることがわかります. スイッチング・レギュレータも3.3V出力ならディジタルI/O用に用意されていますから, 回路の複雑化や損失増加がそれほどなく, LDOレギュレータを使用できます.

● **スイッチング・レギュレータとLDOの使い分け**

数Wで電流が1A以下の電源であれば, 複雑, 高価, 高ノイズのスイッチング・レギュレータに比べ, リニア・レギュレータは簡単, 安価, 低ノイズです. 効率の問題がなければ, リニア・レギュレータのほうが優れています.
最近の電子機器内部では5V, 3.3V, 2.5V, 1.8V, 1.5V, 1.2Vのように電圧差の少ない電源電圧が数種類ある場合が一般的になっています.

高安定で低ノイズの電源が必要な高性能アナログICだけでなく, ディジタルICの電源も全部を複雑なスイッチング・レギュレータで作るのは大変です.
1A以下で入出力電圧差が小さいところはLDOを使用しても, **表1**を見ればわかるように効率の悪化はほとんどありません. 効率が同等なら, 高価で高ノイズのスイッチング・レギュレータよりも, 安価で低ノイズのLDOレギュレータを使用するのが現実的です.

● **最近のLDOレギュレータ**

最近のLDOレギュレータは, 超小型の面実装外形が多くなっています.
出力に入れるパスコン(バイパス・コンデンサ)も, 従来のLDOレギュレータと異なり, 積層セラミック・コンデンサ(MLCC)に対応しています. 面実装で小容量のコンデンサでも低ノイズ化が可能です.
LDOレギュレータは**図1(b)**からわかるように, 出力トランジスタがエミッタ接地になっているため, 以前は出力にセラミック・コンデンサだけを付けると発振することがありました.
出力トランジスタによるON/OFFが可能な品種があります. さらに, OFFしたとき負荷となるICを速やかに動作停止させるため, 出力コンデンサの放電用スイッチを内蔵した品種もあります.

〈馬場 清太郎〉

7-2

発熱を抑えて小型化するには
レギュレータの種類を使い分ける

コモンセンス⑫
スイッチング・レギュレータは発熱が小さい

電源回路には，シリーズ・レギュレータとスイッチング・レギュレータがあります．

それぞれのしくみを知ることでの一長一短の特性を把握し，使いどころをさぐります．

▶ シリーズ・レギュレータは発熱が大きい

負荷と直列に接続されていることからこの名称がついています（**図3**）．

負荷のモータはDC24 V/240 Wですから，2.4 Ωに換算できます．入力電圧が24 Vで出力電圧を12 Vとする場合，オームの法則から，2.4 Ωの抵抗を直列接続することで，出力電圧は12 Vとなります．入力電圧24 Vに2.4 Ω + 2.4 Ω = 4.8 Ωが接続されますので，5 Aの電流が流れます．よって，出力には12 V/5 A（60 W）で，制御用抵抗にも60 W（12 V/5 A）の損失が発生します．電源回路の効率は，入力電力120 W ÷ 出力電力60 W = 50 ％です．損失は，半導体が熱損失として消費します．

▶ スイッチング・レギュレータはなぜ発熱が小さいのか

スイッチング・レギュレータは入力電圧をスイッチングし，その電圧を平均して出力電圧を生成します．

シリーズ・レギュレータ回路に比べて非常に損失が少なくなります．発熱量が少ないと放熱のためのヒートシンクが小さくてすみ，電源装置を小型化できる場合もあります．

▶ スイッチング素子で生じる損失は二つに分けて考える

スイッチング・レギュレータの損失は，ONしている間の定常損失と，ON/OFF期間を移行する期間のスイッチング損失の和です．スイッチがOFFのときには，入力電圧と出力電圧の差分が半導体に印加されますが，電流は流れないので損失は発生しません．

図3 シリーズ・レギュレータの回路
負荷と直列に接続，損失分は半導体が熱損失として消費する

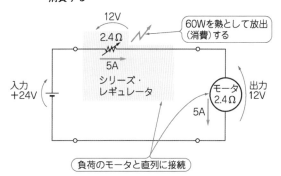

図4 スイッチング素子のON/OFF比を制御するために行われる変調PWM（Pulse Width Modu lation, パルス幅変調）の原理
周波数を一定とし，ON/OFFの比でパルス幅を変え，所望の出力電圧を生成する方式

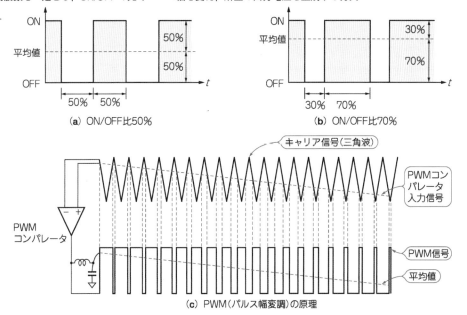

(a) ON/OFF比50％

(b) ON/OFF比70％

(c) PWM（パルス幅変調）の原理

図5 スイッチング・レギュレータのブロック図
シリーズ・レギュレータよりも回路が複雑

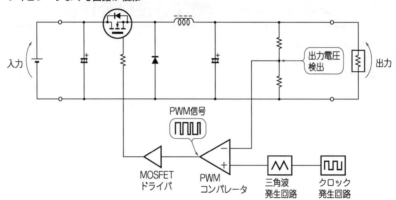

スイッチがONの時に電流が流れ，スイッチングする半導体のオン抵抗分の電圧と電流による損失が発生します．これが定常損失です．

● **スイッチのON/OFF比で出力電圧を制御する**

降圧型スイッチング・レギュレータの出力電圧は，次式で表せます．

入力電圧 × ON ÷ (ON + OFF) = 出力電圧

周波数を一定とし，ON/OFFの比でパルス幅を変え，所望の出力電圧を生成する方式を，PWM(Pulse Width Modulation, パルス幅変調)と呼びます(**図4**)．

──── コモンセンス⑫⑭ ────
シリーズ・レギュレータも
使いかた次第では高効率

入出力条件によっては，スイッチング・レギュレータよりシリーズ・レギュレータのほうが効率が高くなる場合があります．

スイッチング・レギュレータもスイッチング損失やドライブ損失などが発生します．シリーズ・レギュレータとスイッチング・レギュレータを比べるとわかるように，スイッチング・レギュレータはシリーズ・レギュレータに比べて動作が複雑です(**図5**)．

部品点数が多いため，損失が小さくても回路規模は大きくなるかもしれません．

▶入出力間電圧を小さくすればいい

シリーズ・レギュレータは入力電圧と出力電圧の差分が損失となりますので，入出力の電圧差が小さければ，損失も小さくなります．

──── コモンセンス⑫⑮ ────
小さな入出力電圧差でも動作する
シリーズ・レギュレータ「LDO」

シリーズ・レギュレータの損失を減らすには，入出

図6 シリーズ・レギュレータの定番7805は損失が大きく効率が低い
一般的に入出力電圧の差は約2V以上必要

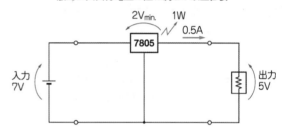

図7 LDOを使うと発熱の小さいリニア・レギュレータを作ることができる
LDOの入出力電圧差は一般的に約0.1～0.4V程度

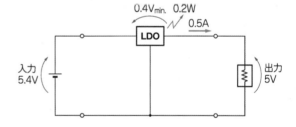

力の電圧差を小さくすればよいようです．しかし，シリーズ・レギュレータの入出力間の電圧が0Vの場合，出力電圧は安定化できません．

出力電圧を安定化するためには，半導体に印加電圧が必要です．つまり，入出力間には電圧差が必要です．

この印加電圧を極力小さくしたのがLDO(Low Dropout)です．一般的な3端子レギュレータの場合，入出力電圧の差は約2V以上必要です(**図6**)．一方，LDOレギュレータは，入出力電圧差は約0.1～0.4V程度です(**図7**)．入力電圧変動が小さく，入出力電圧差が小さい場合はLDOレギュレータが有効です．

〈浅井 紳哉〉

7-3 慣れないうちはモジュールやワンチップICを検討
安全性や寿命に留意する

── コモンセンス⑫ ──
慣れないうちはメーカ製から探す

電源は，**写真1**のようにメーカ製のものが市販されています．慣れないうちはメーカ製の電源で入出力電圧や出力電流などが満足する場合は，回路を設計しないで，市販品を使う方法もあります．装置の納期が短い場合などでは，市販品を使うのが良いでしょう．

── コモンセンス⑫ ──
電源を選んだり作るとき一番大切なことは「安全性」

電源は他の回路に比べて扱うエネルギーが大きくなります．そのため，故障などの場合，発火や破裂も考えられます．また，取り扱う際に感電の恐れもあります．

UL規格など安全に対する規格があるので，これを遵守しなければなりません．適応する規格は，電源回路が実際に使われる国などによって異なります．

安全規格の主な内容は，絶縁と発火しないことです．絶縁は，使用者が感電しないように，商用電源と直接つながないようにすることです．技術者による動作確認やメンテナンス時にも感電しないようにしなければなりません．発火しない対策は，ヒューズの挿入や，不燃材の使用などになります．**図8**に安全規格の注意点を示します．

ULでは，危険電圧を，ACで $42.4\ V_{peak}$，DCで60 Vを越える電圧としており，危険電圧が印加される回路には，安全規格を適用する必要があります．

── コモンセンス⑫ ──
電源の寿命は温度と電解コンデンサが決める

電源回路は電子機器の寿命を縮める要因となる熱を多く出します．寿命は，電子部品の中で一番寿命の短

写真1 メーカ製の電源
変動する直流や交流を入力すると安定化して出力してくれる
①～④組み込み型電源モジュール　⑤～⑧オン・ボード向き電源モジュール　⑨～⑪3端子レギュレータ
①DC-DCコンバータ，出力容量25.5 W，VTA23FWC12(イーター電機)　②シリーズ・レギュレータ，GT-3(コーセル)　③AC-DCコンバータ，出力容量50 W，PBA50F(コーセル)　④AC-DCコンバータ，出力容量16W，ERM04A(イーター電機)　⑤AC-DCコンバータ，出力容量15 W，KWS15(TDKラムダ)　⑥DC-DCコンバータ，出力容量50 W，CBS50(コーセル)　⑦DC-DCコンバータ，出力容量10 W，ZUS10(コーセル)　⑧DC-DCコンバータ，出力容量0.3 W，EBシリーズ(ベルニクス)

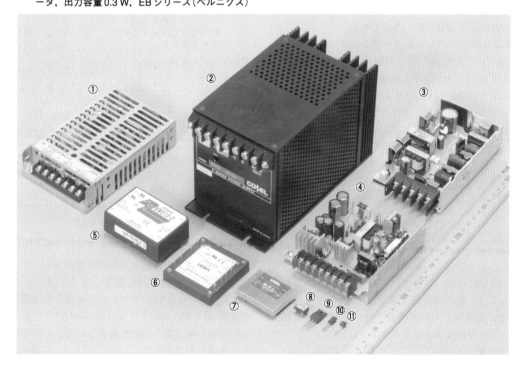

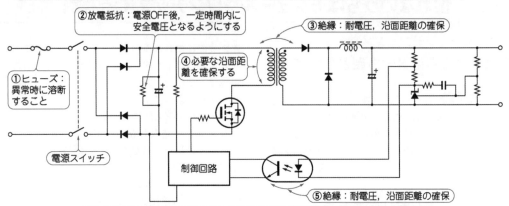

図8 スイッチング電源を作るとき守るべき安全規格の注意点
電源回路は安全に対する規格を遵守しなければならない．安全規格の主な内容は，絶縁と発火しないこと

②放電抵抗：電源OFF後，一定時間内に安全電圧となるようにする
③絶縁：耐電圧，沿面距離の確保
④必要な沿面距離を確保する
①ヒューズ：異常時に溶断すること
電源スイッチ
制御回路
⑤絶縁：耐電圧，沿面距離の確保

注▶危険電圧箇所は触れない構造とする．サービス・マン向けに「高圧注意」の表示．
▶外部から触れる部分は高温にならないようにする．

図9 電解コンデンサのデータシートに見られる寿命に関する記述(日本ケミコン「KMGシリーズ」データシートより)
温度(105℃)やリプル電流が寿命に影響することが読み取れる

◆規格表

項　目	性　能	
カテゴリ温度範囲	−55～＋105℃(6.3～100Vdc)　−40～＋105℃(160～400Vdc)　−25～＋105℃(450Vdc)	
耐久性	105℃において定格電圧を超えない範囲で規定の定格リプル電流を重畳して1,000時間(但し、160Vdc以上かつφ12.5以上は2,000時間)	
	電圧印加後、20℃に復帰させ測定を行なったとき、下記を満足すること	
	静電容量変化率	初期値の±20%以内
	損失角の正接	初期規格値の200%以下
	漏れ電流	初期規格値以下

い部品で決まります．ほとんどの場合において，電解コンデンサが最も寿命の短い部品です．

図9は電解コンデンサのデータシートです．このデータシートでは，105℃時に寿命は1000時間となっています．電解コンデンサの場合，温度を10℃上昇させると寿命は2分の1になります．長寿命にする場合は，低い温度で使用しなければなりません．

電解コンデンサの温度は，周囲温度とリプル電流による自己発熱で決まります．そのため，パワー半導体で発生する熱を近づけずに，電解コンデンサに流れるリプル電流を少なくする工夫をすれば，長寿命設計が可能になります．

コモンセンス⑫⑨ 電源回路の寿命のボトルネックを把握する

105℃で1000時間の電解コンデンサで寿命を計算してみましょう．最高周囲温度60℃，自己発熱15℃とした場合，電解コンデンサの温度は75℃です．電解コンデンサの寿命は次式で求まります．

$$1000時間 \times 2^{\{(105℃-75℃)/10\}} = 8000時間(約7.3年)$$

図10 期待寿命曲線(日本サーボ「AC・DC軸流ファン＆ブロア技術解説」より)
強制空冷を採用する電源はファンの寿命も寿命に大きく影響する

100000
10000
1000
寿命［時］
10 20 30 40 50 60 70 80
周囲温度［℃］

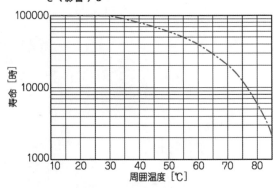

電源回路の使用環境が強制空冷下の場合，ファンの寿命も装置全体の寿命に影響します．ファンの寿命は，図10の残存率90％での期待寿命曲線の場合，周囲温度60℃で，40000時間程度(約4.5年)です．長寿命が必要な場合は，周囲温度を下げるか，定期交換品とする必要があります．

〈浅井 紳哉〉

7-4

簡単に安定した電源回路が作れる
定番ICとその応用例

■ 3本足のシリーズ・レギュレータ 78/79シリーズ

図11 に3端子レギュレータICを使った電源回路を示します．部品点数が少なく，容易に安定化電源回路を構成できます．

異常発振防止のため，入出力とグラウンド間にセラミック・コンデンサなど高周波特性の良いコンデンサを接続します．このコンデンサは3端子レギュレータICに極力近い箇所で接続します．

また，入出力電圧差と出力電流の積が，3端子レギュレータICの損失となります．この損失を十分放熱できるヒートシンクに取り付ける必要があります．

● 3端子レギュレータICの定番

78＊＊シリーズは正電圧出力で，79＊＊シリーズは負電圧出力です．3端子レギュレータICは多くのメーカから供給されています．例えば，新日本無線製は「NJM78＊＊」，東芝製は「TA78＊＊」，NECエレクトロニクス製は「μPC78＊＊」となります．＊＊の部分は，出力電圧が入ります．5V出力は「7805」，12V出力は「7812」，15V出力は「7815」などとなります．出力電圧の品種設定は各メーカにより多少異なりますが，一般的な電圧は各メーカから供給されています．

「78＊＊/79＊＊」は最大出力電流が1Aタイプの製品です．最大出力電流により，0.1Aタイプの「78L＊＊/79L＊＊」と0.5Aタイプの「78M＊＊/79M＊＊」があります．「78＊＊/79＊＊」と「78M＊＊/79M＊＊」はTO-220パッケージで，「78L＊＊/79L＊＊」はTO-92パッケージです．

● ダイオードで3端子レギュレータの破損を防ぐ

3端子レギュレータを使うときは，出力電圧が入力電圧より高くならないようにします．入力電圧より出力電圧が高くなると，3端子レギュレータICが破損

しますから，D_1にSBD(ショットキー・バリア・ダイオード)を接続して保護します(**図12**)．

入力側の電解コンデンサの容量に比べて，出力側の電解コンデンサの容量が小さく，入力側が他の回路に接続されていない場合は，保護用のダイオードは不要です．

● ダイオードで両極性の電源回路を確実に出力させる

プラス・マイナスの両極性の電源回路を構成する場合，片側出力電圧が立ち上がらない場合がありますので，D_3, D_4を接続します(**図13**)．

■ 発熱の小さい電源を作りたいときは LM2574

スイッチング電源回路は，降圧型と昇圧型があり，また，絶縁型と非絶縁型があります．これらの制御用ICは，機能などにより非常に多くの品種が各メーカから供給されています．

LM2574(ナショナル セミコンダクター)はスイッチング素子を内蔵した降圧型の制御ICで，入力電圧より低い電圧を出力します．外部には入力コンデンサと

図12 3端子レギュレータ保護用のダイオードを付ける
出力電圧が入力電圧より高くなると破損する

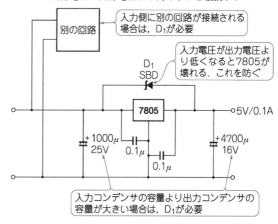

図11 3端子レギュレータIC を使った5V出力の電源回路
入出力とグランド間に高周波特性の良いコンデンサを接続して異常発振を防止する．損失を十分放熱できるヒートシンクに取り付けること

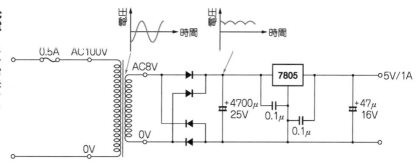

図13 両極性の電源回路の場合，確実に立ち上がるようにダイオードを接続する

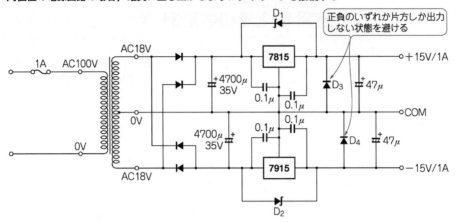

図14 ICを使った降圧用のスイッチング電源回路例
スイッチング素子内蔵のICを使った非絶縁型のDC–DCコンバータ

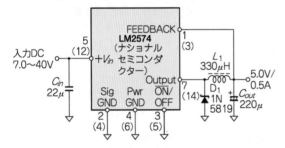

出力平滑コンデンサ，インダクタ，ダイオードを接続するだけです．**図14** に回路図を示します．

■ 入力よりも高い電圧を 出力したいときはLM2577

　LM2577(ナショナル セミコンダクター)はスイッチング素子を内蔵した昇圧型の制御ICで，入力電圧より高い電圧を出力します．外部には入力コンデンサと

図15 ICを使った昇圧用のスイッチング電源回路例
スイッチング素子内蔵のICを使った非絶縁型のDC–DCコンバータ

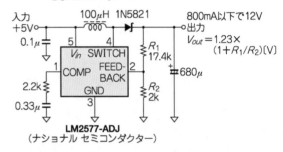

出力平滑コンデンサ，インダクタ，ダイオードを接続します．このICには誤差増幅器の出力端子があるので，位相補償用のコンデンサと抵抗を接続できます．出力電圧を外部から調整するタイプの場合は，出力電圧を決定するための抵抗を接続します．出力電圧固定タイプのICは電圧検出抵抗が不要です．

　図15 に回路図を示します．　〈浅井 紳哉〉

主な電源周辺部品メーカ　　　　　　　　　　　　column

● **パワー MOSFET，IGBT**
● 東芝セミコンダクター
● ルネサス テクノロジー
● サンケン電気
● 三菱電機
● インターナショナル・レクティファイアー
● オン・セミコンダクター
● インフィニオンテクノロジーズ
● **パワー・ダイオード**
● 日本インター
● 新電元工業

● 東芝セミコンダクター
● サンケン電気
● インターナショナル・レクティファイアー
● オン・セミコンダクター
● **トランス，インダクタ**
● TDK
● NECトーキン
● 日立金属
● 東芝マテリアル
● 東邦亜鉛

7-5

電源まわりにはさまざまな保護回路が必要
回路や負荷を破壊から守る回路

電源回路には，電源回路自体が壊れないための保護回路と，負荷を壊さないための保護回路が必要です（図16）．

電源回路と負荷の両方を保護するために，出力過電流保護と出力過電圧保護があります．出力電流が必要以上に多く流れたり，出力電圧が必要以上に高くなると，電源回路と負荷の両方が破損する可能性があります．出力過電流保護回路には，図17のように「垂下特性」と「フの字特性」があります．

また，電源回路の保護回路として，内部過電流保護や内部過電圧保護，内部温度異常上昇保護などがあります．

保護回路ですべての条件を満足させようとすると，保護回路の回路規模が大きくなるばかりか，複雑な保護回路を構成したために誤動作して壊れてしまうこと

も考えられます．そのため，必要最小限の保護回路としたほうが良いと考えます． 〈浅井 紳哉〉

図17 出力過電流保護回路には「垂下特性」と「フの字特性」がある

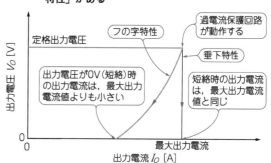

図16 電源回路には電源回路自体と負荷を壊さないための保護回路が含まれている

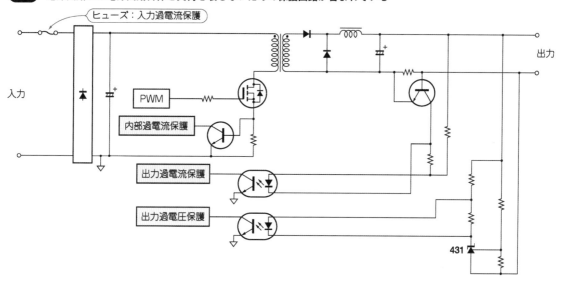

無償の電源設計ツールがたくさん

最近では，各社からWebにて公表されている，シミュレーションおよび電源設計のツールがあります．主な設計ツールのWebサイトを紹介します．このような設計ツールを使用することで，複雑な設計を簡単に行うことができます．

ただし，これらのツールは，各メーカのデバイスを用いた設計に留まり，応用設計には勉強と経験が

column

必要になると思います．
● ナショナル セミコンダクターの電源設計ツール
http://www.national.com/JPN/appinfo/power/webench/
● リニア・テクノロジーのシミュレーション・ツール
http://www.linear-tech.co.jp/designtools/software/index.jsp

第8章
空間でデータをやりとりする

ワイヤレス回路のコモンセンス

8-1
空間に信号を放出するからこそ
電波を利用するためのマナー

ラジオは，高周波信号(搬送波)を低周波信号(音声信号)で変調をかけて送信しています．A.M.ラジオ(526.5 k～1606.5 kHz)で放送している情報は音声信号(20～20 kHz)です．ラジオの信号も音声信号も周波数が違うだけで同じ電気信号です．なぜラジオは音声信号のまま送信しないのでしょうか．

変調をかけないと，どの放送局の音声信号も同じような帯域(100～5 kHz程度)に集中します．同一地域で同時に放送すると，各局の音声を分離して受信できません．放送局ごとに異なる搬送波周波数を使用すれば，受信側で分離して受信できるようになります．

例えば，1 MHzの波長は300 mなので半波長ダイポール・アンテナでも150 m程度の大きさで済みます．音声の低いほうの周波数100 Hzの波長は3000 kmです．効率の良いアンテナを作るのは物理的に困難です．

電波は，周波数3 THz(3×10^{12} Hz)以下，波長で言えば0.1 mm以上の電磁波であると定義されています．電磁波とは，直交した電界と磁界が相互に影響しながら進行する波動のことです．光やX線も同じ電磁波の一種で，電波より波長が短い領域になり(図1)，光と似た性質を示します(表1)．

---コモンセンス⑬⓪---
電波を利用できる周波数は希少な資源

電波は通信や放送だけでなく，特徴を生かして多く

の用途に使われています．

電波の周波数幅(最大3 THz)は限られています．また，いったん発射された電波は国境を越えて飛んでいきます．同じ周波数を同一空間・同一時刻で使うと相互に干渉しますので，無制限に使用できません．電波は希少かつ人類共通の資源といえます．そのため，電波の使用方法は国際的に決められており，それを元に各国内法規で詳細を規定しています．日本では電波法および諸規則で管理しています(電波法のページ：http://law.e‐gov.go.jp/htmldata/S25/S25HO131.html)．

---コモンセンス⑬①---
知らなかったでは済まされない電波法

無線機を設計・製作する人や使用する人は実際にその機器を使用する国の電波法を知らなければなりません．知らなかったで仕事を進めると犯罪者になりかねません．日本では違法電波の運用者は取り締まりの対象になりますが，違法電波を誘発するような無線機の製造者や販売者は対象外です．しかし，無線機の設計者がお客様に電波法違反の危険を犯すようなことをさせてはプロとして失格です．また海外では，製造者も刑罰の対象となります．　　　　　　　　　〈藤田 昇〉

図1 電磁波の分類

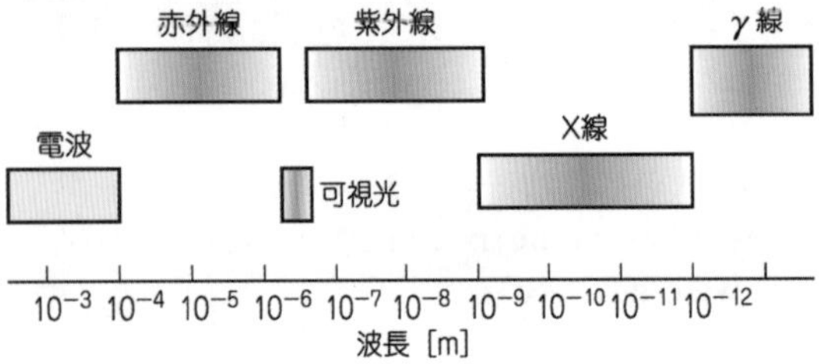

表1 電波の性質

高速	真空中では光速($c = 2.99792458 \times 10^8$ m/s)で進む．誘電体内の速度は比誘電率の平方根に逆比例する．
直進	均一な媒体中であれば直進する．
反射	導体に当たると反射する．誘電率が異なる物質の境界面でも反射する．
透過	絶縁体(誘電体)あるいは電気抵抗が大きい物体を透過する．
回折	遮蔽物(金属板や透過損失の大きい物体)のエッジで回折する．
屈折	誘電率が異なる物質の境界面で屈折する．
干渉	同一空間に複数の電波が存在すると相互に干渉する．

8-2
法律による規制がある
設計前に検討すべき事柄

国ごとに規制は異なる

電波を使用する機器の場合，利用できる周波数や出力電力などは国によって異なります．このため実際に使用する国の規制を調べる必要があります．ここでは，日本の場合について概略を説明します．

▶ 無免許局か，免許不要局か

日本では電波法で「無線局を開設しようとする者は，総務大臣の免許を受けなければならない」とされており，電波を使うには無線局免許と無線従事者免許が必要です．無線局とは，無線設備と無線従事者のことです．

多くの人が電波を利用するためには，簡単に無線局を開設できるほうが望ましいため，ある条件を満たせば免許不要で無線局を開設できる制度があります（**表2**）．免許不要局は，送信出力が小さいため通信距離が短い，干渉が発生したときには自己責任で回避しなければならないなど，いくつかの制限事項はありますが，誰にでも電波を利用できる便利な制度です．

▶ 無線周波数を選ぶ

電波の周波数の高低によって電波伝播特性が変わります（**表3**）．ワイヤレス・システムの目的に最適な周波数を選択します．一般には用途によって割り当て周

表2 免許局と免許不要局

	免許局	免許不要局
無線局種類	一般の無線局	微弱無線局，市民ラジオ（27 MHz 帯），特定小電力無線局，登録局
無線局免許	要	不要
無線従事者免許	要	不要
運用開始までの期間	～3か月程度	購入後即
電波利用料	要	不要
免許更新間隔	原則5年ごと	更新不要
干渉問題	原則なし	自己責任で回避
通信距離	長距離も可	一般に短距離

波数が決まっていますので，その範囲での選択になりますが，微弱無線局の場合はユーザが自由に周波数を選べます．

▶ アンテナの形式を選ぶ

空間に電波を発射するとき，空間の電波を受信するときにはアンテナが必要です．**図2**は電波の送受信の模式図です．図はもっとも基本的なダイポール・アンテナですが，このほかに多くの形式のアンテナが考案されています．無線局の種別ごとにアンテナ形式やゲインが制限されていますので電波法を確認してください．

▶ 変復調方式を選ぶ

総務省（電波所轄官庁）の今後の通信システムの方針は，ディジタル方式であることを原則としています．ASK（振幅変調），FSK（周波数変調）あるいはPSK（位相変調）といった単純な方式から，これらを組み合わせた高度なものまで，多くの変調方式が考案されています．原則として無線局の種別ごとに使用できる変調方式が決められていますので，電波法を確認してください．

▶ 通信手順の構築

開放空間を利用するワイヤレス通信システムはノイズや干渉波による通信誤りを完全になくせません．情報を正確に伝達するためには，適当な通信手順を構築しなければなりません．たとえば，ARQ（Automatic Repeat reQuest：再送制御）あるいはFEC（Forward Error Correction：誤り訂正）といった誤り制御機能が不可欠です．一般的にこれらの機能はソフトウェアで実現します．

ワイヤレス送受信部をまとめたモジュールが市販されています．あらかじめZigBeeやBluetoothあるいは無線LAN（IEEE802.11）などのプロトコルを内蔵したものもあり，システム要件にマッチすれば便利に使用できます．　　　　　　　　　　　　　　　〈藤田　昇〉

図2 ダイポール・アンテナでの送受信

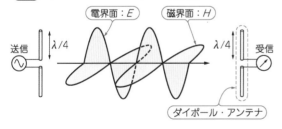

表3 周波数ごとの電波伝播の特徴

	低い周波数	高い周波数	備　考
波　長	長い	短い	300 MHz で 1 m
直進性	弱い	強い	波長と生活空間寸法の比で変わる
透過損失	一般に小	一般に大	同じ誘電体の場合
電離層	反射（～HF）	透過（UHF～）	－
長距離通信	容易	困難	球体の地上の場合
高速通信	困難	可	高速通信には広い周波数幅が必要
アンテナ	一般に大	一般に小	GHz帯で大型のアンテナを使うことも
生体発熱	なし	あり（UHF～）	波長が人体より短いと吸収されやすい

8-3

特徴的な部品とその形状

高周波でよく使われる部品

無線機にはフィルタや共振素子など高周波ならではの部品が使用されます．コイル，コンデンサ，抵抗器やトランジスタなどの一般的な部品でも，寄生リアクタンスを減らす，表皮効果を避けるなど高周波ならではの工夫が見られます．

ここでは，無線機で使用される独自の高周波部品を中心に紹介します．

▶ LCR

受動素子の基本であるコイル，コンデンサ，抵抗器は高周波回路でも多用されます．小型のチップ部品は，寄生リアクタンスや波長をあまり意識せずに使えます．

▶ フィルタ

水晶やセラミックなどの機械共振を利用したデバイスがよく使われます．ほかに L と C の組み合わせや，マイクロストリップ・ラインによるフィルタもあります．

▶ 同軸コネクタ

送受信回路とアンテナ間や回路モジュール間の接続に使います．

▶ 同軸アッテネータ

回路間のレベル調整や安定度向上，あるいは測定器の補助具として使用されます．

▶ 同調コイル

同調回路に使用するコイルで，コアを回すことでインダクタンスを調整できます．中間周波数（455 kHz ～）帯から 1 GHz 以下程度の周波数で使用されます．

▶ DBM（Double Balanced Mixer）

ダイオードとトランスを組み合わせたアナログ乗算器で，周波数変換（ミキサ），AM 変調器/復調器，SSB 変調器/復調器などに使われます．受動素子の組み合わせなので，広いダイナミック・レンジと広い周波数範囲が特徴です．

▶ 方向性結合器

進行電力と反射電力を分離して取り出すデバイスで，送信電力の検出などに使われます．

▶ サーキュレータ（circulator）

三つのポートをもち，強磁界の作用でそれぞれ隣り合う一つのポートにだけカップリングするデバイスで，送信回路の保護などに使用されます．

▶ アンテナ共用器（デュプレクサ）

1本のアンテナを送受信同時に使用するためのデバイスで，フィルタの組み合わせで構成されています．

〈藤田 昇〉

写真1 高周波部品の例
①チップ部品：A はチップ・セラミック・コンデンサ，B はチップ電解コンデンサ　②③同軸アッテネータ　④⑤⑥同軸コネクタ　⑦⑧⑨⑫⑬フィルタ（⑦水晶，⑧誘電体，⑨モノリシック，⑫セラミック，⑬ LC）　⑩サーキュレータ　⑪方向性結合器　⑭⑯同調コイル　⑮空芯コイル　⑰⑱⑲DBM　⑳アンテナ共用器

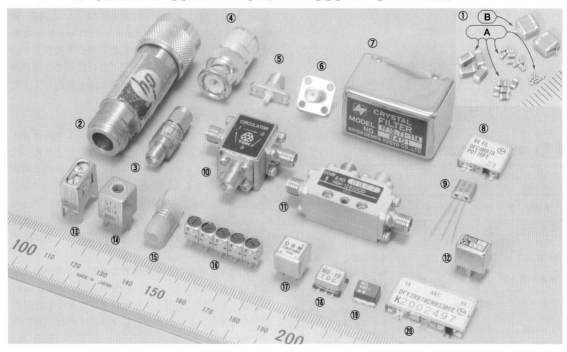

8-4

低周波領域での常識は通用しない
高周波特有の現象

無線機には高周波回路が使われています．高周波回路は難しいと言われますが，どこが難しいのでしょうか，どうすれば解決できるのでしょうか．

コモンセンス⑬㉝
インピーダンスが目まぐるしく変化する

抵抗器を例に取ると，**図3** に示すように，わずかですが寄生キャパシタンス C_O と寄生インダクタンス L_O が存在します．通常，これらのリアクタンスは回路図に表されません．低周波数領域では無視しても回路動作にほとんど影響がありません．

しかし，周波数が高くなると抵抗値 R に対して C_O，L_O のインピーダンスが無視できなくきます．例えば，$R = 10\,\text{k}\Omega$，$C_O = 1\,\text{pF}$ とすれば，周波数 $15\,\text{MHz}$ になると C_O のインピーダンスが約 $10\,\text{k}\Omega$ になってしまいます．つまり，信号系に $10\,\text{k}\Omega$ の抵抗を使う回路にとっては $15\,\text{MHz}$ はりっぱな高周波といえます．

コモンセンス⑬㉞
つなぐだけでは信号が伝わらない

内部抵抗 r の信号源から最大電力を取り出すためには負荷抵抗 $R_L = r$ にする必要があります（**図4**）．しかし，周波数が高くなると伝送線の寄生リアクタンスの影響で負荷に加わる電圧と電流の位相がずれてきます（**図5**）．一般に伝送線路の寄生リアクタンスは極めて小さい値なのでオーディオ周波数などの低い周波数帯では位相のずれもごくわずかです．しかし，周波数が高くなる（波長が短くなる）と相対的にずれが大きくなってしまいます．位相がずれると負荷 R_L で消費される実効電力は単純な電圧と電流の積より小さくなり，残りは反射電力として信号源側に戻ってしまいます．

ここで，内部抵抗 r および負荷抵抗 R_L に対して伝送路の寄生インダクタンスと寄生キャパシタンスの割

図3 抵抗器に寄生するリアクタンスが効いてくる
周波数が高くなると，抵抗器にわずかに存在する寄生キャパシタンスと寄生インダクタンスを無視できなくなる

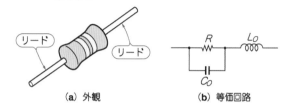

（a）外観　　　　（b）等価回路

合により，伝送線路長にかかわらず負荷 R_L の点で位相ずれをなくせます．その割合は以下の条件です．

$$Z = \sqrt{L_O/C_O}\,[\Omega] \quad\cdots\cdots\cdots\cdots\cdots\cdots\cdots(1)$$
$$r = R = Z$$

ただし，C_O：単位長当たりのキャパシタンス [F]，L_O：単位長当たりのインダクタンス [H]

Z を伝送路の特性インピーダンスと言い，$r = R = Z$ にすることをインピーダンスのマッチングを取ると表現します（インピーダンス・マッチングについては「シミュレーションで始める高周波回路設計：CQ出版社」を参照）．

コモンセンス⑬㉟
プリント・パターンや配線から電波になって飛び出る

導線に高周波電流が流れると，その周りに電界と磁界が発生します（**図6**）．導線の間隔が波長を無視で

図5 高周波電力伝送の等価回路
周波数が高くなると伝送線の寄生リアクタンスの影響で負荷に加わる電圧と電流の位相がずれてくる

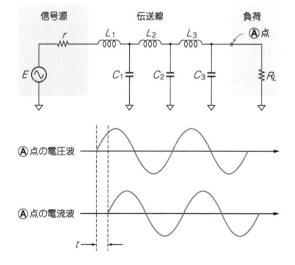

図4 低周波電力伝送の等価回路
内部抵抗 r の信号源から最大電力を取り出すには $R = r$ にする必要がある

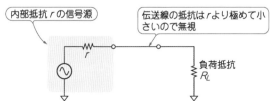

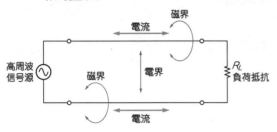

図6 高周波の交流による電界と磁界の発生
導線に高周波電流が流れると，その周りに電界と磁界が発生する

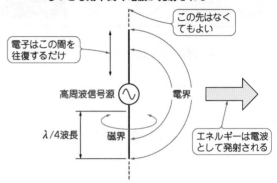

図7 導線の長さが1/4波長あるいはその倍数のときはもっとも効率良く電波が発射される

きないほど広くなると，電界と磁界は電波となって発射されます．導線の長さが1/4波長（プラス側，マイナス側で1/2波長）あるいはその倍数のときはもっとも効率良く電波が発射されます（**図7**）．逆も同じで，電波環境中にこのような導線があれば高周波電力を誘起します．

アンテナはこのような高周波電流と電波の変換を積極的に行う部品です．高周波回路の中に適当な長さの導線を無意識に作ってしまうと，この導線がアンテナのように働いて期待しない電波が出たり，受けることになります．その結果，他の回路に妨害を受けたり，入力側に信号が回り込んで発振したりしてしまいます．

も高いということです．そのため，実際に使用する周波数の少なくとも3倍程度高い周波数にも考慮しなければなりません．実際の回路では配線長や回路素子の寸法が使用周波数の波長の1/30以下であれば無視できることになります．

ここで波長の1/10や1/30というのは経験則ですので，明確な境目があるわけではありません．また，プリント・パターンのように誘電体を挟む構造の配線では，比誘電率の平方根に逆比例して波長が短くなることを考慮しなければなりません．

コモンセンス⑬⑥
部品や配線をコンパクトにして不要電波の発射を抑える

もっとも効果的なのは，部品寸法と配線長を短くすることです．寄生リアクタンスを低減できるうえ，特性インピーダンスを気にせずに配線できます．

経験的に，部品寸法や配線長が波長（周波数に逆比例）の1/10以下であれば無視できます．

気を付けなければならないのは，高周波機器に使う増幅素子の動作周波数は，その機器で扱う周波数より

コモンセンス⑬⑦
高周波や大電力だと部品や配線では電波の発射を抑えきれない

さらに周波数が高くなると部品の大きさだけで対応するのは困難になります．また，扱う電力が大きくなると部品自体が大きくなり，配線長も長くなってしまいます．そのため，かたちが大きくても寄生リアクタンスの小さい部品を選び，プリント配線にも特性インピーダンスを考慮（マイクロストリップ・ライン）しなければなりません． 〈藤田 昇〉

日本の電波法が規制している項目

電波法上の規定を満足していなければ無線機を運用できません．無線機種別ごとに規定項目や数値が異なりますが，少なくとも次の項目が規定されています．

① 周波数
② 空中線電力，あるいは EIRP（Equivalent Isotropically Radiated Power：等価等方輻射電力）
③ 占有周波数帯幅
④ 不要発射の強度

（スプリアス領域と帯域外領域）
⑤ 受信機が副次的に発する電波などの限度（不要輻射）

規定値以内かどうかは測定して確認することになります．かつては，周波数は周波数カウンタで，空中線電力は高周波電力計でというようにそれぞれの項目を専用の測定器で測定していました．今では小電力の機器であればすべての項目を必要なオプションを選択することで，スペクトラム・アナライザ1台で測定できます．

8-5

スーパーヘテロダイン方式を例にして
定番ICとその応用回路

多くの受信機が採用しているスーパーヘテロダイン方式無線機のブロック図を**図8**に示します．これを例に，具体的な回路例を紹介します．

● アンテナ切り替え回路

無線周波数1波で送受信するときはアンテナ切り替え回路を使います．**図9**はGaAs IC（**表4**に主な仕様）を使った2.4 GHz帯のアンテナ切り替え回路の例です．

図8 ディジタル無線機の基本構成

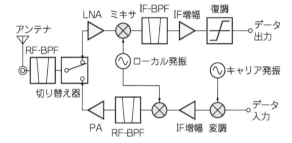

図9 アンテナ切り替え回路（2.4 GHz帯）

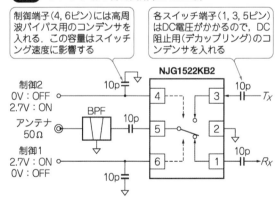

制御端子（4, 6ピン）には高周波バイパス用のコンデンサを入れる．この容量はスイッチング速度に影響する

各スイッチ端子（1, 3, 5ピン）はDC電圧がかかるので，DC阻止用（デカップリング）のコンデンサを入れる

NJG1522KB2

表4 SPDT（Single Pole Dual Throw）スイッチ NJG1522KB2（新日本無線）の主な仕様

項目	スペック	最小	標準	最大	単位
周波数範囲		0.05	−	3	GHz
制御電圧	"L"	− 0.2	0	0.2	V
	"H"	2.5	2.7	6.5	V
挿入損失	1 GHz	−	0.3	0.6	dB
	2 GHz	−	0.5	0.8	dB
アイソレーション	1 GHz	25.5	27	−	dB
	2 GHz	25	27	−	dB
P_{1dB}		+ 4	+ 9	−	dBm
動作速度		−	20	−	ns

● LNA回路①

LNA（Low Noise Amplifier）とは受信機初段に使う雑音指数の小さい増幅器のことです．ここではGaAs IC（**表5**に主な仕様）を使ったLNA回路を紹介します（**図10**）．バイパス回路を内蔵し，ゲインをロジックで制御できます．このゲイン変化機能はAGC（Automatic Gain Control）に利用するものです．

● LNA回路②

比較的安価なバイポーラ・トランジスタを使用したLNA回路を**図11**に示します．使用しているトランジスタは，SiGe HBTです（**表6**に主な仕様）．この回路は無線LANのLNAとして設計されたもので，2.4 G〜5.8 GHzまでカバーし，ゲイン10 dB以上を得ています．

● 周波数変換回路

多くの受信機はスーパ・ヘテロダイン方式ですので，周波数変換回路が必要です．**図12**は専用IC（**表7**に主な仕様）を使った周波数変換回路の例で，300 MHz帯のRF周波数を10.7 MHzのIF周波数に変換します．

図5 LNA NJG1127HB6の主な仕様（$f = 880$ MHz）

項目	スペック	最小	標準	最大	単位
電源電圧		2.65	2.80	2.95	V
切り替え電圧	"H"	1.80	1.85	V_{DD}+0.3	V
	"L"	0	0	0.3	V
動作電流	1"H"	−	10.0	16.0	mA
	2"L"	−	1	5	μ A
ゲイン	1	13.5	15.0	17.0	dB
	2	− 4.0	− 2.5	0	dB
P_{1dB}		+ 4	+ 9	−	dBm
雑音指数		−	1.4	1.8	dB

図10 LNA（Low Noise Amplifier）NJG1127HB6の回路

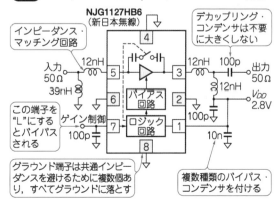

NJG1127HB6（新日本無線）

インピーダンス・マッチング回路

デカップリング・コンデンサは不要に大きくしない

入力 50Ω 12nH 39nH

出力 50Ω 12nH 100p

12nH V_{DD} 2.8V

この端子を"L"にするとバイパスされる

ゲイン制御 100p

バイアス回路

ロジック回路

10n

グラウンド端子は共通インピーダンスを避けるために複数個あり，すべてグラウンドに落とす

複数種類のバイパス・コンデンサを付ける

図11 バイポーラ・トランジスタ NESG3031M05 を使ったLNA回路

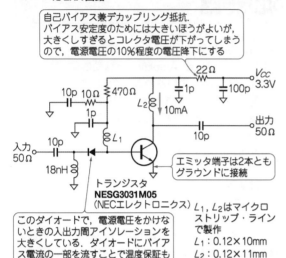

自己バイアス兼デカップリング抵抗. バイアス安定度のためには大きいほうがよいが, 大きくしすぎるとコレクタ電圧が下がってしまうので, 電源電圧の10%程度の電圧降下にする

エミッタ端子は2本ともグラウンドに接続

トランジスタ NESG3031M05 (NECエレクトロニクス)

このダイオードで, 電源電圧をかけないときの入出力間アイソレーションを大きくしている. ダイオードにバイアス電流の一部を流すことで温度保証も兼ねている

L_1, L_2はマイクロストリップ・ラインで製作
L_1 : 0.12×10mm
L_2 : 0.12×11mm

表6 バイポーラ・トランジスタ NESG3031M05 の最大定格と電気的特性

項目	V_{CBO}	I_C	P_c	T_j
値	13.0 V	35 mA	175 mW	150 ℃

（a）最大定格

電気的特性		最小	標準	最大	単位
ゲイン帯域幅 f_T		20	25	−	GHz
雑音指数	2 GHz	−	0.8	1.1	dB
	5.2 GHz	−	1.3		dB
P_{1dB}			13	−	dBm
雑音指数			1.4	1.8	dB

（b）電気的特性

図12 アクティブ・ミキサIC NJM2288F1 を使った周波数変換回路

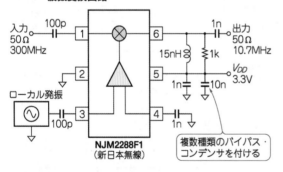

ローカル発振

NJM2288F1 (新日本無線)

複数種類のバイパス・コンデンサを付ける

● **高周波増幅回路**

図13 は RF 増幅用 IC（**表8** に主な仕様）を300 MHz 帯微弱無線機の送信部の終段に利用した例です. このICは出力段のコレクタ抵抗を内蔵しており, 外付けコイルが不要です. 汎用増幅器として便利に使えます.

図14 は同ICを2段直列に接続した回路で, 30 M

表7 アクティブ・ミキサIC NJM2288F1 の主な仕様

項目 スペック	最小	標準	最大	単位
動作電圧	2	2.2	5	V
消費電流		2.8	3.5	mA
変換ゲイン	−	9	−	dB
入力周波数（推奨）	300		500	MHz
IP_3	−	− 12	−	dBm
雑音指数		9		dB

表8 RF 増幅用 IC μPC2746TB の主な仕様

項目 値	最小	標準	最大	単位
動作電圧	2.7	3.0	3.3	V
無信号電流	5.0	7.5	10.0	mA
電力ゲイン（500 MHz）	16	19	21	dB
動作周波数（− 3 dB）	1.1	1.5	−	GHz
雑音指数（500 MHz）	−	4.0	5.5	dB
飽和出力	− 3	0	−	dBm

図13 RF 増幅用 IC μPC2746TB を使った微弱無線機の送信部

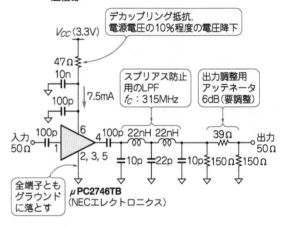

デカップリング抵抗. 電源電圧の10%程度の電圧降下

スプリアス防止用のLPF f_C : 315MHz

出力調整用アッテネータ 6dB（要調整）

全端子ともグラウンドに落とす

μPC2746TB (NECエレクトロニクス)

図14 RF 増幅用 IC μPC2746TB を2段直列にした増幅回路

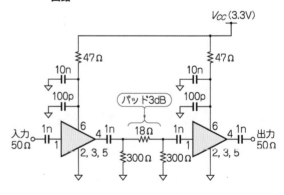

パッド3dB

～1000 MHz の広帯域でゲイン35 dB が得られ, IF増幅などに使います. 中間に利得調節と動作安定化を兼ねてアッテネータ（このような使いかたをパッドという）を入れています. 〈藤田 昇〉

第 **9** 章

IC の性質を決めている材料を知る

半導体のコモンセンス

9-1

使用する材料やトランジスタの構成法で分けられる
半導体の分類

コモンセンス⑱
半導体は絶縁体と導体の中間の性質をもつ

半導体は，字の通り，自由に電気を通す導体と，電気を通さない絶縁体の間の特性をもつ物質です．

特に電流，電圧，温度の変化により，電気の通しかたが大きく変化します．その特徴を応用して，スイッチ回路や増幅回路を構成できます．半導体部品は電子機器の中に組み込まれている電子部品の一つですが，膨大な電子回路を内蔵することができます．

近年，半導体の研究開発が進み，内蔵される電子回路の規模が急激に増加したことが，電子機器の小型化，低価格化に大きな影響を与えています．

半導体部品の一つである，マイクロコンピュータの高性能化に伴って，電子機器にさまざまな機能を追加することが可能になりました．

コモンセンス⑲
半導体は高速化と高集積化で進化する

1939年に半導体ダイオード（diode）が，1947年に増幅器やスイッチの役割をするトランジスタ（transistor）がベル研究所で開発されました．

これらは，現在単品でも販売されている半導体デバイスの基本となるデバイスであり，その後の電子デバイスに大きな影響を与えていくことになります．

半導体の研究開発は，**図1** のように主に二つの方向に分けることができそうです．一つは，ダイオードやトランジスタを同じ半導体上に複数搭載し，特定の機能を実現する集積回路（Integrated Circuit：IC）の開発です．もう一つは，トランジスタの特性を改善し，使用できる周波数帯域を広げる研究です．

当初は生産時の良品率が悪く，性能の安定化が大きな課題でしたが，生産技術も向上し，良品率が改善され価格が少しずつ下げられるようになりました．

1970年代になると，マイクロコンピュータ（マイコ

ン）やメモリが登場して，より集積度の高い半導体デバイス（Large Scale Integrated：LSI）へと進化していきます．

当初 IC を構成する素子数が1000以上程度のものを LSI，素子数が10万以上のものを VLSI（Very Large Scale Integrated）として区別していた時期もありますが，現在では素子数での区別はしないようになり，IC と LSI は同意義の言葉として使用されるようになっています．

1980年代になるとマイコンやメモリはさらに高速化や高機能化が進み，携帯電話や家電品などのさまざまな電子機器の動作制御用に使用されるようになります．

それと同時に，マイコンやメモリの入手性が向上し，他社製品との差別化はソフトウェアやロジック回路で行わなければならなくなったのです．そのため，特定用途向けのロジック LSI（Application Specific IC：ASIC）が登場しました．

1990年後半になると，さらに小型化，集積化が進み，アナログ回路とロジック回路を一つの IC にした

図1 半導体の進歩
集積化と高周波化の2通りの方向性がある

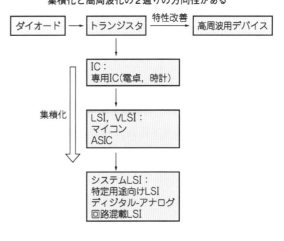

表1 材料による分類
半導体開発の初期には Ge もあったが現在はほとんど使われていない. 化合物系半導体は非常に多くの種類が開発されている

分　類	材料の例	用　途
Si 系	―	ディジタル IC および ほとんどのアナログ IC, パワー半導体
化合物系	GaAs, SiGe GaN など	高周波デバイス LED などの光デバイス

表2 バイポーラ・トランジスタで作られている IC と MOS トランジスタで作られている IC がある
価格や集積度, 特性に違いがある

トランジスタ 種別	主な用途
バイポーラ	アナログ IC(OP アンプ, オーディオ用 LSI など)
	ロジック IC(TTL, ECL など)
MOS	メモリ IC (DRAM, SRAM, フラッシュ・メモリなど)
	ロジック IC (マイコン, DSP, ゲート・アレイ, FPGA など)
	アナログ+ロジック IC (A‐D/D‐A コンバータなど)
Bi‐CMOS	アナログ+ロジック IC (通信系 LSI, 画像用 LSI など)

システム LSI が登場しました.

　現在では, カメラ, 携帯電話, 音楽プレーヤなどのさまざまな用途の機能を実現するために必要な回路を内蔵したシステム LSI が利用されています.

───── コモンセンス⑭ ─────
半導体材料は Si 系と化合物系がある

　電気の通しかたが変化する半導体を利用して作られた部品である半導体デバイスですが, さまざまな形状, 特性, 使いかたのものが市場に流通しています.

　この半導体デバイスにはどのような種類があるのでしょう.

▶材質による分類

　まず材質によって **表1** のように分類してみましょう.

　半導体には, Si(シリコン)のように単一元素で作られるものと, GaAs(ガリウム・ヒ素)や SiGe(シリコン・ゲルマニウム)のように2種類の元素を結合させたものがあります. つまり, 単一元素で構成する Si 系の半導体デバイスと, 2種類(以上)の元素を結合させた化合物半導体デバイスの2種類に分類されます.

● Si 系半導体デバイスの特徴

　Si 系半導体デバイスは, 安価で信頼性の高い製品を作りやすいというメリットがあります. その理由としては, いくつかある半導体の特性をもつ元素のなかで, もっとも安定しており, 一度に半導体デバイスをまとめて大きな円盤状の板(ウェハ)に作りやすいという特徴によるものです.

●化合物半導体の特徴

　GaAs や SiGe などの化合物半導体は, Si 系半導体に比べてもろいため, 大きなウェハが作りづらく, 高価な製品になります. しかし, 信号の高速化や低消費電流化を行うことができ, 性能が優れている部分もあることから, 携帯電話や無線 LAN などの高周波を扱う無線機器でよく使用されています.

　化合物半導体はいろいろな元素の組み合わせで作ることができます. 種類によって発光する際の色を変化させることが可能なため, 発光ダイオードなどにも利用されています.

───── コモンセンス⑭ ─────
半導体にはバイポーラと CMOS がある

　表2 のように, 使用しているトランジスタの種類によって, 半導体デバイスを分類することも可能です.

●バイポーラ IC

　バイポーラ・トランジスタを用いた IC で, 周波数が比較的高い信号(高速な信号)を扱う場合や, 流れる電流が大きい回路などに使用される IC です. 欠点としては, 消費電流が大きいという特徴が挙げられます.

　主な用途としては, TV やオーディオなどの信号処理が挙げられます.

● MOS IC(CMOS IC)

　MOS(Metal Oxide Semiconductor)トランジスタを用いた IC で, トランジスタの構造が簡単なため, 小型化で安価な製品によく使用されています. 現在主流の CMOS(Complimentary MOS)では消費電流が小さくできるという特徴もあります. ただし, 高速な信号を扱うのは苦手です.

　最近では製造技術の向上により高速化が進み, 数 GHz までの信号が扱えるまでになりました.

　主な用途として, コンピュータや通信機器のディジタル信号処理が挙げられます.

● Bi‐CMOS IC

　バイポーラと MOS トランジスタの両方のトランジスタを用いることが可能な IC で, バイポーラ IC の高速性能や MOS の低消費電力特性のメリットを併せもつことが大きな特徴となっています. ただし, まだバイポーラ IC や MOS IC に比べて高価なようです.

　主な用途としては携帯電話や VTR など, 低消費電力でありながら高周波信号処理が必要な場合によく使用されています.　　　　　　　　　　〈岡村 武夫〉

9-2

高集積化にともなって小型/多ピンのICが増えてきた
半導体の製造工程とパッケージ

半導体デバイスはどのようにして作られるのでしょうか.

ここでは簡単に製造方法について説明していきます.

── コモンセンス⑭ ──
半導体は前工程と後工程で製造する

❶ 設計

半導体の場合, 製造する際には微細加工を行う数十の工程が必要なため, 一つのデバイスを製造するのに約3か月程度の長い時間が必要です.

不良箇所の修正があると, それを修正して製造が終わるのが, また3か月先になってしまうので, 無用の時間を割かない努力が必要です.

最新のEDA(Electronic Design Automation)システムを用いてシミュレーションを行い検証を繰り返す, という手法で, できる限り不良を出さないように設計が行われます.

❷ ウェハ製造

設計された半導体デバイスの回路部分は, 円盤状に並べて一度にたくさんの数が製造されます. シリコンなどの半導体材料でできている円盤状の板の表面に, 回路を作り込みます. この半導体の板はウェハと呼ば

れています. 半導体製造メーカの多くは, ウェハを専門メーカから購入して, 半導体を製造します.

シリコンでできているウェハは, この円盤の直径を大きく作ることができるため, 一度にたくさんのデバイスを作成できます. それに対して, GaAsなどの化合物半導体は物理的にもろいので, ウェハの直径を大きくできません.

ウェハの製造は, 微細化が進み集積度が向上しており, ごく小さなほこりでも不良の原因となります. クリーン・ルームと呼ばれるちりやほこりをできるだけ排除した部屋の中で製造が行われています.

❸ ウェハ・テスト

ウェハの状態で, 電気特性を測定し個別のチップに問題はないか試験します. この段階の試験では, 最終的な動作特性は行わず, 製造不良などがないかをDCテストで確認するだけのことが多いようです. ここで不合格となった部分は次の組み立て工程に進めません.

❹ 組み立て

ウェハから個別の半導体チップを取り出し, 扱いやすい接続端子や外形にする工程は, 組み立て工程と呼ばれています. ウェハ製造を前工程と呼ぶのに対して, 組み立て工程は後工程とも呼ばれます.

図2 半導体の組み立て工程

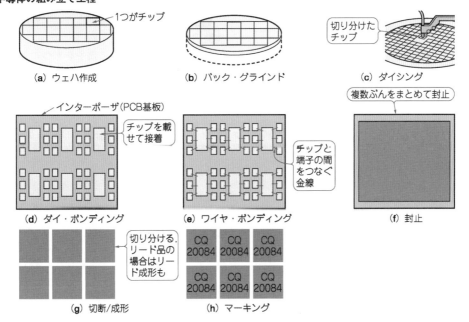

(a) ウェハ作成 — 1つがチップ

(b) バック・グラインド

(c) ダイシング — 切り分けたチップ

(d) ダイ・ボンディング — インターポーザ(PCB基板), チップを載せて接着

(e) ワイヤ・ボンディング — チップと端子の間をつなぐ金線

(f) 封止 — 複数ぶんをまとめて封止

(g) 切断/成形 — 切り分ける. リード品の場合はリード成形も

(h) マーキング

CQ 20084

組み立て工程は，さらに細かく分けると，**図2**のような工程に分かれます．

▶バック・グラインディング工程

ウェハ製造時は安定して製造するために板の厚さを厚くして製造します．しかし，半導体デバイスはできるだけ小さいほうが好まれるため，厚みも薄くなるように電子回路に影響しない裏側を研磨します．

▶ダイシング工程

ウェハから個々の半導体チップを切り出して個片化することをダイシングと言います．

▶ダイ・ボンディング工程

取り出した半導体チップをリード・フレームと呼ばれる金属製の台やPCB基板の上に固定します．

▶ワイヤ・ボンディング工程

半導体チップ上の端子とリード・フレームや基板上の端子を金線で接続します．半導体デバイスの外部端子と半導体チップの端子が接続されます．

▶封止工程

樹脂で半導体チップの周囲を封止します．

▶切断/成形工程

最終形状に樹脂やリード・フレームを切断，成形します．

▶マーキング工程

半導体樹脂の表面に型番，メーカ名，ロット番号などを印刷します．

▶最終テスト（Final Test）

半導体デバイスの特性に問題がないか，専用のテスト用試験機（テスタ）を用いて試験を行います．ここではデバイスが実際に使用される状況を作り，動作試験を行います．

この試験に合格したデバイスが梱包，出荷されます．

――― コモンセンス⑭ ―――
パッケージの外観は3文字でわかる

黒く四角い形状をしていて，銀色の足があるものや，ないもの，裏側に小さな丸い点がたくさんついているものなどいろいろなものがあります．

これはパッケージと呼ばれ，中に入っている半導体の電気特性を変化させずに，温度や衝撃などの外部環境の変化から保護する特徴があります．また，PCB基板へのはんだ付け（実装）をしやすくする働きもあります．

パッケージは半導体の種類によっていろいろな形状が選ばれるため，さまざまな外形が用意されています．

代表的なパッケージの種類をいくつか紹介していきながら，その構造を説明します．

▶ DIP（Dual Inline Package）

写真1のようなパッケージです．部品を実装する際に，スルーホールに足のようなリードといわれるものを挿入してからはんだ付けをする挿入タイプの代表的なパッケージです．

細長い形状で，向かい合った2側面にリードが出ています．

PCB基板に直接はんだ付けせずに，専用のソケットを使用すると，自由に半導体デバイスを差し換えることが可能です．

リードが大きいため，デバイス全体のサイズが大きくなってしまうのが欠点ですが，はんだ付けがしやすく，端子に試験用プローブを接続しやすいため，評価用には適しています．

▶ SOP（Small Outline Package）

写真2のような外観で，DIPの面実装版です．リードが小さくなり，横に広げたような形状となっています．このパッケージを小型化したもの（SSOP，TSOP）も利用されています．

▶ QFP（Quad Flat Package）

写真3のように，4側面にリードが配置された面実装用パッケージです．

SOPに比べて，多くの端子をもつことができ，小型化が可能です．

写真1 DIPパッケージ

写真2 SOPパッケージ

写真3 QFPパッケージ

写真4 QFNパッケージ

写真5 LGAパッケージ

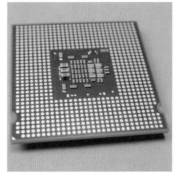

図3 SIPパッケージ

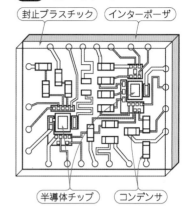

封止プラスチック　インターポーザ

半導体チップ　コンデンサ

▶ QFN (Quad Flat Non-lead Package)

写真4のように4側面に端子が配置された面実装用パッケージで，QFPと似ています．リードが外に出ておらず，部品の底面内に収納されています．リードが外に出ているタイプに比べて，デバイスが必要とする面積（実装面積）が小さくできるメリットがあります．

▶ BGA (Ball Grid Array)，LGA (Land Grid Array)

写真5のように裏面に端子が格子状に並んでいる面実装用パッケージです．

BGAは端子がはんだボール，LGAは端子が平面です．端子数が多いが小型である必要のあるデバイス，大規模なCPUやFPGAなどに使用されています．ただし，実装後端子を確認できないため，これまでのデバイスに比べて実装技術が必要となります．

▶ SIP (System in package)

図3のように外形はQFN，BGAやLGAに似ていますが，内部に半導体チップを複数搭載したり，抵抗などの部品を内蔵するパッケージです．従来のICより多数の周辺回路を内蔵することが可能で，電化製品の小型化に寄与しています．

─── コモンセンス⑭ ───

静電気と過電圧と発熱に注意

最終テストを行い合格したものだけが市場に出回るため，製品の不具合は少ない半導体デバイスですが，使いかたによっては，壊れてしまったり，性能を生かしきれず希望どおりの特性が出ない場合があります．

使用前に，納入仕様書や信頼性試験結果をメーカから入手して，使用上の問題がないかきちんと確認しましょう．

ここでは，半導体の使用上で特に注意すべき点について説明します．

▶ 静電気への対策

静電気などにより一瞬でも高電圧がかかると壊れてしまうことがあります．半導体デバイスを扱う際には，静電気が発生しにくい程度に湿度を調整したり，リストバンドをするなどの放電対策をきちんとする必要があります．

どの程度，静電気に強いかを示す特性としてESD耐圧（Electro Static Discharge）と言われる値があります．高周波用RFデバイスなどESD耐性が低いデバイスを扱う際には，より注意して取り扱うようにしてください．

▶ 絶対最大定格

電圧などの絶対最大定格を越えて使用すると，壊れる可能性があります．電源電圧と信号の入力電圧の差分に制限がある場合もあります．

実際の基板では想定外の電圧がかかっている場合もあるので，実機での確認をお勧めします．

▶ 発熱（熱設計）

大きな電流を消費するようなデバイスは，半導体デバイス自体が発熱します．そのようなデバイスは，放熱しやすいパッケージを利用し，熱を逃がすように考慮されています．

しかし，半導体デバイスを利用する際に発熱を考慮して配置や放熱対策をしないと，装置内に熱がこもり，半導体デバイスが高温になってしまいます．そうなると特性劣化や動作不安定，機能停止などが発生する可能性があります．

装置を設計する際には放熱対策にも考慮しながら設計を行うようにしてください．

▶ グラウンド設計

電池でいうマイナス端子であり，電気回路の基準点であるグラウンドの設計によって，特性が変化したりデバイスが破壊されたりします．

すべての電流が流れ着くグラウンドには，ノイズも流れ込むため，ノイズに弱いアナログ回路のグラウンドとノイズの多いディジタル回路のグラウンドを意識せずに設計すると，特性が劣化することがあります．

〈岡村　武夫〉

第10章
開発した回路の性能や機能を正しく評価する

評価と測定のコモンセンス

10-1
目的に応じて最適な測定を行う
測定器の種類と適材適所

電子回路に携わる皆さんは、テスタ、オシロスコープ（以下、オシロ）、スペクトラム・アナライザ（スペアナ）、ロジック・アナライザ（ロジアナ）などの測定器を使いこなして、回路設計と検証、故障診断などを行うことになります。

── コモンセンス⑭ ──
測定器にも適材適所がある

ここではカーナビを例にとってみましょう（図1）。
▶テスタで回路の電圧や電流の値を調べる

送信機の電源はリチウム・コイン電池で、電流は $2\,m\sim3\,mA$ です。この電流値を測定することで送信機の出力や電池の寿命が推定できます。
▶オシロで送信機や受信機の各部の波形を見る

プローブの先を回路の各部に当てて、期待どおりの動作をしているか確認できます。例えば受信機のFM検波後の波形を見れば、送信機から受信機までの動作が一目瞭然にわかります。オシロは2～4か所の波形を同時に見ることができます。
▶ロジアナはロジック信号の"H" / "L"パターンを調べる測定器

波形を観測するものではなく、ロジック・レベル（ハイかローか）を調べるもので、FPGAやマイコンのようなディジタル回路の論理動作を確かめるために使います。
▶発振周波数を測る周波数カウンタ

送信機の発振周波数を測定するには、周波数カウンタが必要です。オシロでも周波数が分かりますが、あくまで目安でしかありません。
▶電波の放射レベルを測るスペアナ

送信機からは不要な周波数成分が発射され、ほかの無線機器に妨害を与えているかもしれません。また、電波法により、送信電力も制限されています。この場合は、普通スペアナを利用します。
▶システム評価に便利なパソコン

システム全体ができ上がる前に一部分を評価したり、長時間にわたる多量のデータを収録するような場合、パソコンを使えば、より効率的にシステムを評価できます。パソコン自体は測定器ではありませんが、複数の測定データをまとめたり、シミュレーションしたりすることで、システムの動作を解析する有力な武器となります。　　　　　　　　　　　〈漆谷 正義〉

図1　測定器は適材適所で使用する

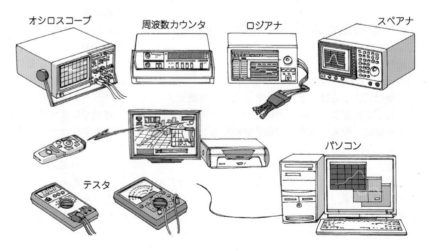

オシロスコープ　周波数カウンタ　ロジアナ　スペアナ

パソコン

テスタ

10-2
アナログ式とディジタル式を使い分ける
ハンディ・タイプのマルチ測定器「テスタ」

テスタは回路計とかマルチ・メータとも呼ばれます。針式のメータを使ったアナログ・テスタと、数値を読み取るディジタル・テスタがあります。テスタは電圧、電流、抵抗の値を知ることができる安価でコンパクトな測定器で、実験室のみならず、家庭にも備えておくと便利なものです。ここではテスタの種類の紹介と基本的な使いかたを説明します。

── コモンセンス⑭ ──
変動の大きい電圧や
電流はアナログ・テスタで測定

アナログ・テスタは、**写真1**のようにメータ（可動コイル型電流計）が付いており、電圧や電流の測定は、おのおのの抵抗を使った倍率器、分流器で分圧、分流しています。交流の場合は、整流器で整流して直流に変換して測定しています。

写真1は筆者が40年以上愛用しているものですが、一度購入すれば一生使えるのではないでしょうか。購入に当たってはメータが大きいもの、高抵抗・高電圧が測れるものを選びます。

アナログ・テスタは、**図2(a)**のように電圧などがゆっくりとした変動をする場合、針の動きから変化をつかむことができます。ディジタル・テスタは、表示値の変化を読み取ることは難しい欠点がありますが、**図2(b)**のように値が変化しない場合は、正確な測定値が得られます。

── コモンセンス⑭ ──
テスタのマイナス端子からは
1.5～3Vの正電圧が出ている

抵抗値の測定は、**図3**のような原理で被測定抵抗にテスタ内部の電圧（1.5～3V）をかけて電流を流し、両端の電圧降下から抵抗値を割り出しています。図からわかるように、抵抗値の測定時は、テスタの＋端子

写真1 アナログ・テスタの外観

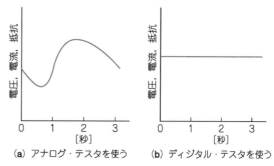

図2 アナログ・テスタとディジタル・テスタの適材適所
アナログ・テスタは、ゆっくりと測定値が変動しても針の動きから把握できる。ディジタル・テスタは、値が変化しない場合に正確な測定値が得られる

（a）アナログ・テスタを使う　　（b）ディジタル・テスタを使う

（赤リード線）にマイナスが、−端子（黒リード線）にプラスの電圧が出ていることを覚えておいてください。「黒がプラス」と覚えると良いでしょう。なお、これはディジタル・テスタには当てはまりません（ディジタルの場合は逆に、＋：赤側に微小なプラス電圧が出る場合がある）。

── コモンセンス⑭ ──
電圧測定の前に0Ω調整は不要

アナログ・テスタには**図3**のようにボリューム（ゼロオーム調整）が付いており、抵抗値を測定する場合は＋と−の端子をショートさせて針が右端の0Ωのメモリを指すように調整します。なお、電圧や電流を測定する場合にもこの調整をしている人を見かけますが、抵抗以外の測定では**図3**のボリュームは接続されないので、この操作は必要ありません。

ゼロオーム調整の際に針が右端まで振れない場合は電池の消耗が原因ですが、この場合でも電圧や電流は測定できます。

図3 アナログ・テスタの抵抗レンジの等価回路
被測定抵抗にテスタ内部の電圧（1.5～3V）をかけて電流を流し、両端の電圧降下から抵抗値を割り出している

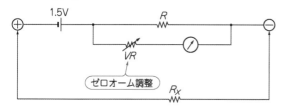

1.5V
R
VR
ゼロオーム調整
R_x

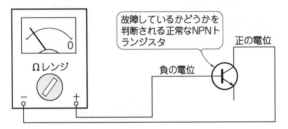

図4 アナログ・テスタでトランジスタの故障を診断できる
大雑把だが，コレクターベース間の抵抗値で判断できる

故障しているかどうかを判断される正常なNPNトランジスタ

正の電位
負の電位
Ωレンジ

写真2 ディジタル・マルチ・メータの外観

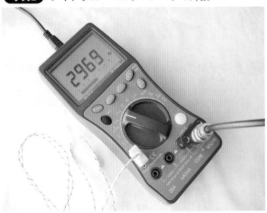

──コモンセンス⑭──
アナログ・テスタを応用して
トランジスタの故障を発見

▶ トランジスタの種別や良否の判定

トランジスタの良否は，大ざっぱではありますが，コレクターベース間の抵抗値で判断できます（**図4**）．一方を測定したらテスタのテスト棒を反対にして比較します．前に述べたように，アナログ・テスタはマイナス端子に内蔵電池のプラスが接続されていますから，もしマイナス端子をコレクタにつないで抵抗が高い場合はNPNトランジスタです．良否の判定はこの二つの抵抗値の差が大きいかどうかで判断できます．ただし，パワー・トランジスタでは，抵抗の差がほとんどない場合もあるので目安程度と考えてください．

▶ MOSFETの故障診断

アナログ・テスタの抵抗レンジでは上記のようにDC電圧が出ているので，これを利用して半導体の導通チェックができます．**図5**はMOSFETの破壊を調べる方法です．ただし，テスタ内部の電池電圧が，MOSFETがONするゲート・スレッショルド電圧より低い場合は何の反応もないので，**図5(b)**のような回路を作ってON/OFFさせます．

──コモンセンス⑮──
数値を知りたいときは
ディジタル・テスタが便利

数値がディジタルで表示されるテスタは，ディジタル・マルチ・メータ（DMM）とも呼ばれます（**写真2**）．しかしこんな長い名前を呼ぶ人はおらず，今では「テスタ」と言えばこれを指すと考えてよいでしょう．電圧，電流，抵抗ともすべて最終的には電圧の形に変換された後，A−D変換によりパルス波形となります．このパルスをカウンタで数えて10進数でLCDに表示します．A−D変換を含めたこれらすべての機能がワンチップのLSIに内蔵されています．

ディジタル・マルチ・メータは，(1)高精度，(2)直読可能，(3)レンジによって内部抵抗が変化しない，(4)マイナスの値が測定できるという長所があります．しかし，電池の消耗がアナログ・テスタより早く，変動する値や最大値，最小値の読み取りには向かないという短所もあります． 〈漆谷 正義〉

◆参考文献◆

(1) 河内保：パワーMOSFETのスイッチング電源への応用，トランジスタ技術1999年3月号，p.253，CQ出版社．

図5 (1) アナログ・テスタでMOSFETの故障を診断できる

ゲートに正電圧を加えてMOSFETをONする

ドレインに正電圧を加える
導通：正常またはD-S間短絡破壊
非導通：破壊

ゲートに負電圧を加えてMOSFETをOFFする

ドレインに正電圧を加える
導通：短絡破壊
非導通：正常またはD-S間切断

(a) NチャネルのMOSFETの破壊を確認する手順

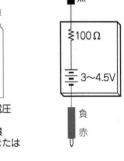

正
黒
100Ω
3〜4.5V
負
赤

(b) 電圧印加回路

10-3
正しく使用しないと正しい波形は表示されない
電気信号の姿が映し出される「オシロスコープ」

オシロスコープ(オシロ)は波形を観測する機械です. オシロにはアナログ式とディジタル式があります(**図6**).

両者の外観はほとんど同じですし, 表示される波形も基本的には変わりません. ではどちらを選んでも良いかと言えばそうではありません.

アナログ・オシロは波形の細部を濃淡できれいに表示します. この差はビデオ信号(NTSC コンポジット信号)を見るとはっきり出てきます. **写真3(a)** はアナログ・オシロの波形で正常ですが, **(b)** のディジタル・オシロの場合は波形のディテール(細部)が失われ, べったりと塗りつぶされています.

ディジタル・オシロは複雑な繰り返し波形, 1回しか発生しない信号, 非常にゆっくりと変化する信号の観測に適しています. 例えば1 Hzの正弦波を観測した場合, アナログ・オシロでは波形の一部しか見ることができませんが, ディジタル・オシロを使えば波形全体をとらえることができます. なお, アナログ・オシロのこの欠点を補ったものはストレージ・オシロと呼ばれます. 通常はディジタル・オシロで十分です.

― コモンセンス⑮ ―
オシロには測定できる帯域がある

帯域100 MHzのオシロは, 0 Hz(直流)から100 MHzまで同じ誤差で測定できるわけではありません. 0 Hz近辺ではAC結合では誤差が発生します. また, 30 MHzで振幅は97 %, 100 MHzに近い部分では70 %に減少します. このようすを **図7** に示します.

― コモンセンス⑯ ―
オシロには立ち上がり時間がある

オシロには, 立ち上がり時間というものも存在します. これは算定立ち上がり時間と呼ばれ,

$$t_r = 0.35/f_{BW}$$

ただし, t_r：立ち上がり時間, f_{BW}：帯域幅帯域で計算できます. 例えば100 MHzの場合は3.5 nsとなります. これは, 立ち上がり時間1 nsの急峻なパルスが, 3.5 nsで立ち上がる, なまったパルスとなって表示されることを意味します.

― コモンセンス⑰ ―
プローブにも帯域と 立ち上がり時間がある

例えば500 MHz帯域のオシロに, 同じ500 MHz帯域のプローブをつないだ場合, 測定帯域は350 MHzになってしまいます($1/\sqrt{2}$ になる). したがって, 振幅精度と立ち上がり時間の点で, プローブの帯域はオシロスコープ帯域の3倍以上のものが必要です. ついでながら, 入力インピーダンス1 MΩのプローブは, 100 MHzでは100 Ωに低下します.

― コモンセンス⑱ ―
AC結合は低周波では使えない

高周波信号を測定するときは, 直流電圧を除去するためにオシロの入力結合はたいていACにしたままですが, 低周波ではDC結合に切り替える必要がありま

図6　オシロスコープの方式と原理
アナログ・オシロは波形をそのまま表示する. ディジタル・オシロは波形をいったんメモリに取り込んでからこれを読み出して表示する

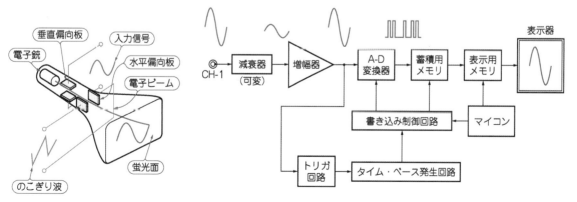

(a) アナログ・オシロスコープ

(b) ディジタル・オシロスコープ

図7 オシロスコープにも周波数特性がある
帯域 100 MHz のオシロが，0 Hz（直流）から 100 MHz まで誤差なく測定できるわけではない

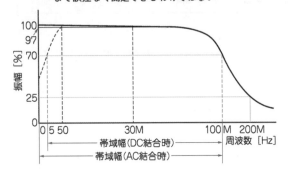

写真3 アナログ・オシロスコープとディジタル・オシロスコープで観測したビデオ信号
アナログは波形の濃淡で細部まで見られる．ディジタル・オシロは細部までベタに塗りつぶされてしまっている

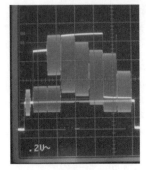
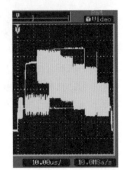

（**a**）アナログ・オシロスコープ　　（**b**）ディジタル・オシロスコープ

す．**写真4** は，10 Hz の矩形波を，DC 結合（上）と AC 結合（下）で表示したものです．AC 結合の波形はサグが発生しており，正しい波形ではありません．

─── コモンセンス⑮ ───
オシロのグラウンド・リードの長さで波形は大きく変わってしまう

写真5 は 10 MHz の矩形波を測定したものです．左はグラウンド・スプリング（**写真6**）を使った場合です．最短距離でグラウンドを取れます．中央は，プローブに付属している 152 mm（6 インチ）グラウンド・リードを使ったもので，わずかながらリンギングが見られます．右はグラウンド・リードを 50 cm に延長した場合で，大きなリンギングが出ています．リンギングの原因はプローブの先端から見た入力容量と，グラウンド・リードのインダクタンスの共振です．したがって，グラウンド・リードはできるだけ短くする必要があります．

─── コモンセンス⑮ ───
ディジタル・オシロで観測できる周波数の限界を越えると妙な波形が出る

ディジタル・オシロの水平掃引時間を長くしてサン

プル数を下げていくと，おかしな波形が出たり，周波数が数百 kHz も狂ったりすることがあります．このような波形は，エイリアスと呼ばれています．

〈漆谷 正義〉

写真4 DC 結合と AC 結合の違い
AC 結合の波形はサグが発生しており，正しい波形ではない

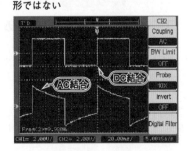

写真6 グラウンド・スプリングで測定しているようす
最短距離でグラウンドを取ることができ，波形にノイズがのりにくい

写真5 グラウンドの取りかたで波形が変わる

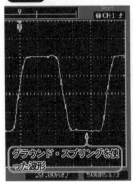
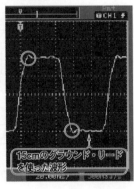

10-4

高周波回路の評価やノイズ観測などに便利

信号の周波数成分を調べるスペクトラム・アナライザ

コモンセンス⑮⑦
スペクトラム・アナライザは
周波数の成分を調べる

オシロスコープは時間とともに信号がどのような変化をするかを観測する測定器です．一方，スペクトラム・アナライザは，その信号にどのような周波数の成分が含まれるかを調べる測定器です．

たとえば，デューティ比50％の矩形波を考えてみましょう．この矩形波には基本周波数の奇数倍の高調波が含まれています．これをオシロスコープとスペクトラム・アナライザで観測すると 図8 のようになります．オシロスコープで観測した場合は，図8(a) の

図8 スペクトラム・アナライザは周波数軸で信号を観測する

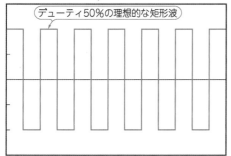

(a) オシロスコープ

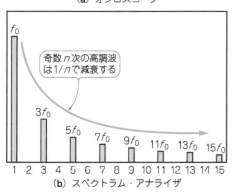

(b) スペクトラム・アナライザ

ように，横軸は時間の変化で縦軸が振幅ですから，1周期の50％ごとに電圧の極性が反転しているのが観測されます．一方，スペクトラム・アナライザでは図8(b) のように，横軸が周波数になります．このため，奇数次の高調波が存在することがわかります．

一般にオシロスコープでは，縦軸は電圧でリニア・スケールですが，スペクトラム・アナライザでは縦軸は電圧または電力でスケールは対数（デシベル）表示で用います．

コモンセンス⑮⑧
スペクトラム・アナライザは
AM受信機と似ている

スペクトラム・アナライザはどのような構造になっているのでしょうか？

写真7 に示すような一般的な掃引型スペクトラム・アナライザは，図9 のようにAM受信機と非常によく似た構成になっています．まず，アッテネータATTとプリアンプで入力信号をある程度適正なレベルに調整して，バンドパス・フィルタBPFで必要な帯域だけを抜き出します．次に，ミキサでローカル信号と掛け合わされてIF信号となります．このIF信号をBPFで帯域制限したあと，ログアンプで対数圧縮して検波します．そのあと表示のためのビデオ・フィルタを通してブラウン管のY軸に送られます．

写真7 スペクトラム・アナライザの外観

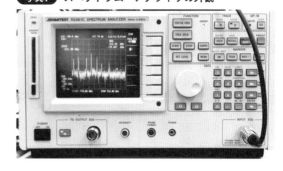

図9 掃引型スペクトラム・アナライザの内部構成
AMラジオに似ている

| ATT | → | プリアンプ | → | BPF | → | ミキサ | → | BPF | → | ログアンプ | → | AM検波 | → | LPF |

VCO ← DCバイアス

鋸波発振器

ディスプレイ

一方，ブラウン管のX軸はランプ発振器で掃引しますが，このランプ発振器からの鋸波は，ローカル発振器のVCOの周波数制御電圧にも用います．

このように，AMラジオとの違いは対数圧縮のためのログアンプと，測定する周波数を時間とともに変化させるための鋸波発振器の有無程度になります．

もっと簡単に考えれば，AM受信機のダイアルを回して周波数を順次変えながら，その受信周波数での信号強度を測って表示していると考えてもよいと思います．

図10 間歇信号のスペクトラム

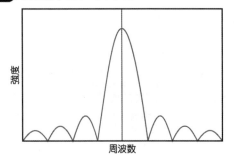

強度 / 周波数

コモンセンス⑮⑨
掃引型スペクトラム・アナライザは間歇信号に注意が必要

たとえば，レーダの信号のように数μsのバースト信号が数msおきに出るような間歇信号を考えてみましょう．このような間歇信号は，本来なら **図10** のようなスペクトラムをもっています．

ところが，掃引型スペクトラム・アナライザは周波数を時間的に変化させながらその周波数での信号の強度を測定しますから，**図11** のようにバースト信号が出ていない期間に掃引した周波数では信号強度が測定できません．このため，本来のスペクトラムとはまるで異なったスペクトラムが表示される場合があります．

間歇信号を計測する場合は，スペクトラムの最大値を表示するMax-Holdモードで観測するなどの工夫が必要になります．

コモンセンス⑯⓪
FFTによるスペクトラム・アナライザもある

前述のように，掃引型スペクトラム・アナライザは

図11 間歇信号を観測した場合，本来のスペクトラムとはかけ離れた表示になる場合がある

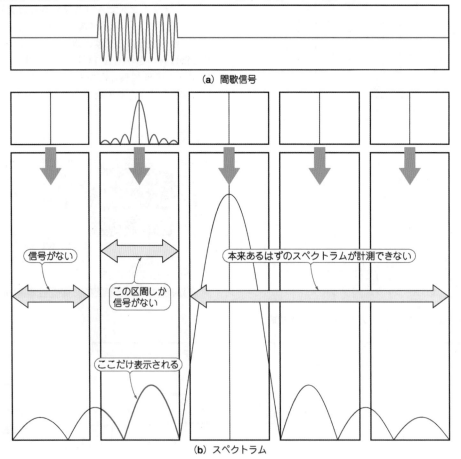

(a) 間歇信号

信号がない

この区間しか信号がない

ここだけ表示される

本来あるはずのスペクトラムが計測できない

(b) スペクトラム

図12 FFTを用いたリアルタイム・スペクトラム・アナライザの内部構成

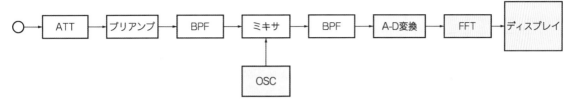

測定する周波数を時間とともに変化させながら，その周波数での信号の強度を測定していました．一方，RFの帯域でも，FFTによって周波数分析をするタイプのスペクトラム・アナライザが出てきました．

このタイプのスペクトラム・アナライザは，周波数を順次変化させながらその信号レベルを測定するのではなく，**図12** のように測定する帯域全体をまずA-D変換して取り込んだあとで，短時間FFTにより周波数分析をします．

図13 は間歇的に発生するノイズが含まれたスペクトラムの例です．スペクトラムの強度の分布が色分け，もしくはグレー・スケールで表示されているとともに，低い頻度で広い帯域のノイズが出ていることがわかります．

このように，FFTを用いたスペクトラム・アナライザでは，Bluetoothのような周波数ホッピングをする通信やレーダのような間歇信号の測定に威力を発揮します．

┌─ コモンセンス⑯ ─┐
ネットワーク・アナライザは高周波回路の基本測定器

高周波回路の実験の必需品としてネットワーク・アナライザがあります．この測定器は高周波回路の基本

図13 リアルタイム・スペクトラム・アナライザで間歇ノイズを含む信号を観測した例
低い頻度で広い帯域のノイズがあることが観測できる

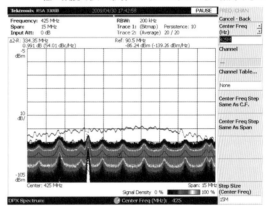

的な素性を現すSパラメータを測定します．

簡単にSパラメータを説明します．**図14(a)** のように入出力がある回路網を考えます．この回路網に標準のインピーダンス（通常は50Ωだが75Ωなどの場合もある）の電源から信号を入れた場合，回路網の入力インピーダンスとの不整合により電源に反射して帰ってくるエネルギーと，出力から出ていくエネルギーに分かれます [**図14(b)**, **(c)**].

図14 Sパラメータは電力が回路網を通過または反射するようすを表現する

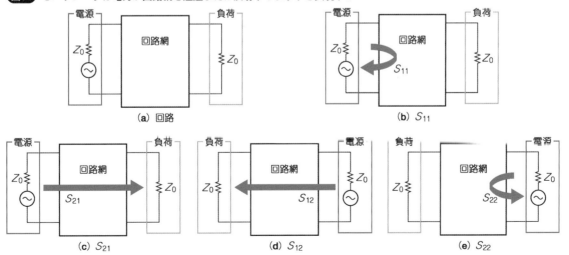

(a) 回路

(b) S_{11}

(c) S_{21}

(d) S_{12}

(e) S_{22}

図15 S_{11}, S_{22} はスミス・チャートで表示する

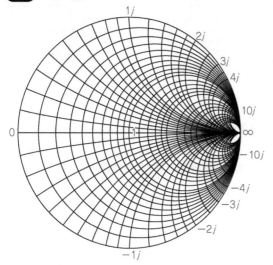

今度は出力側に電源，入力側に負荷をつないだ場合も，同様に入力側から出ていくエネルギーと，反射して帰ってくるエネルギーに分かれます［**図14(d)**，**(e)**］．これらをSパラメータと呼び，おのおのS_{11}，S_{21}，S_{12}，S_{22}と呼びます．

Sパラメータで何がわかるのでしょうか？ S_{11}は入力に入れた信号がどれだけ反射して戻ってくるかを表していますから，入力側のインピーダンスの整合状態がわかります．S_{22}は同様に出力側のインピーダンスの整合状態を表します．

S_{21}は，入力から出力へ伝播するエネルギーになりますからアンプなら増幅率，アッテネータなら減衰率になります．最後にS_{12}は出力から入力への漏れ量になりますから，その回路網での出力から入力へのアイソレーション量になります．

これらを，複素数または絶対値と位相角のベクトルで測定するものがネットワーク・アナライザです．厳密には絶対値のみを測定するスカラ・ネットワーク・アナライザと対比してベクトル・ネットワーク・アナライザと呼ぶこともありますが，最近ではベクトル・ネットワーク・アナライザが主流なのでベクトルとつけず単にネットワーク・アナライザと呼んでいます

--- コモンセンス⑱ ---
S_{11}，S_{22}はスミス・チャートで表現する

S_{11}，S_{22}は反射の度合いを表現したものなので，**図15**のようなスミス・チャートで表現することが一般的です． 〈森田 一〉

オシロスコープの立ち上がり時間 column

オシロスコープには立ち上がり時間というものがあります．これは，**図A**のように時刻$t = 0$で0から1になるような単一ステップを入力した場合，出力が0.1から0.9になるまでの時間です．

ガウシアン・フィルタを近似した周波数特性をもつ従来のアナログ・オシロスコープでは，立ち上がり時間$\Delta\tau$と周波数帯域BWには，

$$0.35 = \Delta\tau \cdot BW$$

という関係があります．厳密には，ガウシアン・フィルタであれば，

$$0.33214\cdots = \Delta\tau \cdot BW$$

となりますが，オシロスコープの場合は厳密にはガウシアン・フィルタではないため，0.35という値になっています．

このように，オシロスコープの帯域より十分に遅い立ち上がりの信号を観測する場合は，管面での立ち上がり時間の読み取り値をそのまま用いてもよいのですが，立ち上がり時間が短い信号の場合，オシロスコープ自体の立ち上がり時間が影響してしまうので注意しなければいけません．

また，最近の高速ディジタル・オシロスコープの場合は入力特性がガウシアン・フィルタではなく矩形フィルタ（Brick Wall）に近い場合があります．この場合には上記の関係式は成り立たないので，使用するオシロスコープのマニュアルでよく確認する必要があります．

図A 立ち上がり時間の定義

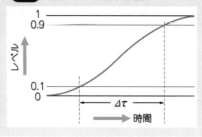

10-5

信号のパターンによってトリガをかけられる

複数のロジック信号を一度に観測できる「ロジアナ」

コモンセンス⑱

ロジアナは複数チャネルのロジック信号の "H" / "L" とその時間の関係を調べる

オシロが波形を観測するのに対し，ロジアナは，ディジタル回路のタイミングやステートという情報をとらえるものです．

▶タイミングは波形がL/Hで変化する時間関係

タイミングは，波形が "L" から "H" へあるいは，その逆方向へ変化（クロス）する時間関係のことです（図16）．"H" か "L" かの判定はスレッショルド・レベルで行います．

▶ステートはある時間での各チャネルの状態

例えばクロックの立ち上がり時に各チャネルの信号が "H" または "L" のどの状態にあるか，ということです．アドレス・バスとデータ・バスの信号などを図17のように並べた情報として表示されます．ラベルはクロックごとに付けられた番号です．

● 使いかた

最初は簡単な回路で練習する必要があります．ここではバイナリ・カウンタを例にします．

ロジアナのプロービング方法は，①グラバ（フッキング・クリップ），②ICクリップ（DIPなど），③ICアダプタ（QFPなど），④あらかじめ基板に実装しておく専用ソケット，などいくつかあります．写真10ではよく使われる①の方法を使っています．

▶スレッショルド電圧を設定する

ロジアナの設定項目の筆頭は，スレッショルド（しきい値）電圧の設定です．設定されたスレッショルド電圧より高い電圧をHレベル "H"，低い電圧をLレベル "L" と判断します．代表的なものに，TTL（＋1.4 V），ECL（－1.3 V）があります．Var（可変）とすれば－6〜＋6 V位の範囲でスレッショルドを自由に設定することができます．ここではTTLに設定しておきます．

スレッショルドの設定を誤ると，図18①のように何も表示されなかったり，②や④のようにノイズを拾ったりして誤った表示となってしまいます．これは，よくあることです．また，グラウンドの取りかたが不十分なときにも，④のような表示となる場合があります．

▶サンプリング周期を設定する

まずは信号のサンプリングにロジアナの内部クロッ

図16 タイミング表示
タイミングは，波形が "L" から "H" へあるいは，その逆方向へ変化（クロス）する時間関係のこと

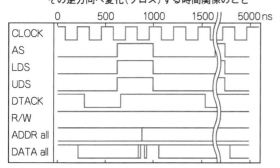

写真10 ロジアナのプロービング

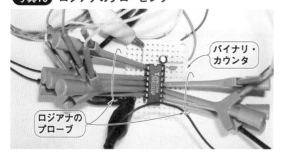

図17 ステート表示
ステートはある時間での各チャネルの状態

ラベル	アドレス	データ
－3	0088C8	B03C
－2	0088CA	00FF
	0088CC	
1	000002	04FC
2	000004	0000
3	000006	8048

図18 スレッショルド電圧とロジアナの表示
設定されたスレッショルド電圧より高い電圧をハイ・レベル（"H"），低い電圧をロウ・レベル（"L"）と判断する

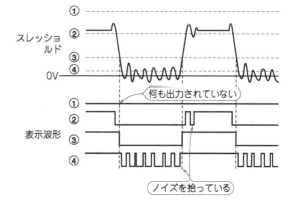

クを使う，非同期サンプリングから使いこなしていきます．サンプリング周期は，短くしたほうが信号をきめ細かく表示できますが，記録時間は短くなります．これはディジタル・オシロと同じ理由です．数n〜数10 msの広い範囲で設定できます．今回は，最高周波数が1 MHzですから，この周期1 μsよりも十分に短くしなければなりません．通常はサンプリング周期を最短にしておき，記録時間が短ければ周期を長くしていきます．ここでは5 nsとします．

▶チャネルを割り当てる

プローブには0〜F(16)などの番号が付いています．まず，この番号をどのチャネル（表示行）に割り当てるかを設定します．最初はプロービングした順番に割り当てていくのが簡単です．また，表示チャネルのネーム（信号名）もこのとき入力します．不要なチャネルは削除します．

コモンセンス⑯⑭
「フリー・ラン」でとにかく波形を表示できる

データの取り込み条件（トリガ）設定は，トレース設定などとも呼ばれます．トリガ方法の種類は非常に多いため，操作も難解です．とにかく波形を見てみたい場合は，フリー・ランという方法があります．

波形を確認するにはSTOPキーでデータの取り込みを停止させます．

コモンセンス⑯⑤
トリガ条件を設定して見たい波形を捕える

ロジアナは目的の信号，グリッチ（glitch），異常信号などのイベントが発生したときにこれを取り込むものです．グリッチは信号間の容量性結合，電源のリプル，急激な素子電流の変化などにより発生する幅の狭いパルス・ノイズのことで，システムの誤動作の原因となります．

実際にトリガが発生するまでには，いくつかの条件をパスしなければなりません．図19はこのようすを示すもので，前提条件の成立（イネーブル）後，トリガ条件をチェックします．トリガ条件には，"H"，"L"とその組み合わせ（パターン），エッジ（立ち上がり'↑'，立ち下がり'↓'）があります．また，そのイベントが何回発生したか（カウント），または発生しなかったか（ミッシング）などがあります．

▶最も簡単なエッジ・トリガを試みる

例として，F/256信号の変化点（エッジ）をつかまえます．イネーブル＝なし，トリガ条件＝F/256信号の'↓'（CH8〜0のパターンは↓xxxxxxxx，ただしxはdon't care），フィルタ＝なし，ディレイ＝なしに設定します．写真11は測定結果です．

▶パターン・トリガも簡単に設定できる

次に，バイナリ値"10101011"（パターンは"10101011x"）でトリガをかけます．このようなトリガをパターン・トリガと言います．写真12は測定結果です．

〈漆谷 正義〉

写真11 エッジ・トリガでの表示画面
F/256信号の変化点（エッジ）にトリガをかけている．トリガ条件は次の通り．イネーブルなし，トリガ条件：F/256信号の'↓'（CH8〜0のパターンは↓xxxxxxxx，ただしxはdon't care），フィルタなし，ディレイなし

写真12 パターン・トリガでの表示画面
バイナリ値"10101011"でトリガをかけている

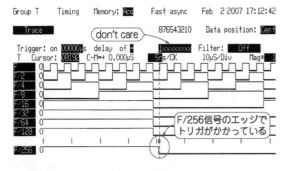

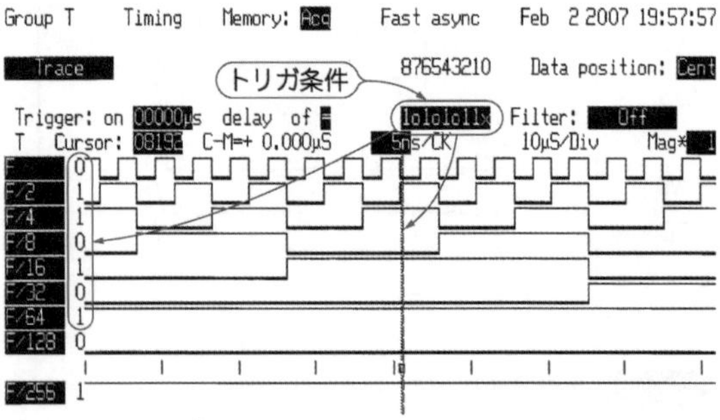

図19 トリガ設定のキーワード
実際にトリガが発生するまでには，いくつかの条件をパスしなければならない

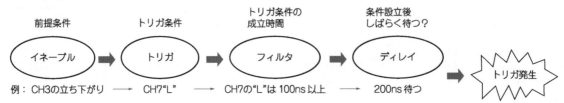

前提条件　　イネーブル　　トリガ条件　　トリガ　　トリガ条件の成立時間　　フィルタ　　条件設立後しばらく待つ？　　ディレイ　　トリガ発生

例：CH3の立ち下がり　→　CH7"L"　→　CH7の"L"は100 ns以上　→　200 ns待つ

10-6

作っておくと便利に使える

手作りできる簡易測定器

● 簡易ロジック・チェッカ

図20 はロジック回路が"H"か"L"かを調べるためのチェッカです．判別レベルはH＝60％，L＝20％程度です．CMOSとTTLのスレッショルドの中間あたりに設定しています．V_{CC} を被測定回路の電源に接続するので2～3V系でも5V系でも使えます．

● 簡易導通チェッカ

テスタの導通チェック機能はブザーが鳴るので，表示やLEDを見ることなく確認できてとても便利です．同じようなものをCMOSロジックで作ったものが **図21** です．140Ω以下で導通と判断し，圧電ブザーが鳴ります．周波数は約3kHzです．

図20 簡易ロジック・チェッカ
ロジック回路が"H"か"L"かを調べる

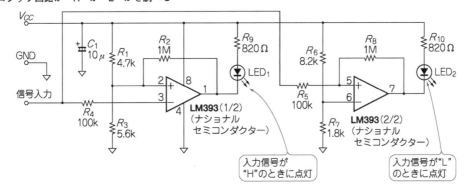

図21 簡易導通チェッカ
140Ω以下で導通と判断し，圧電ブザーが鳴る

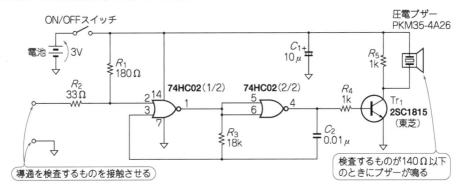

図22 簡易パルス・チェッカ
パルスのエッジを検出してLEDを点灯させる

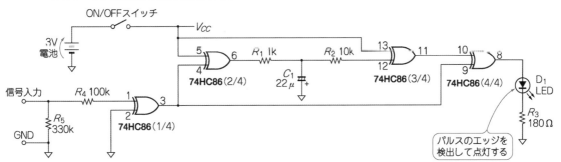

図23 簡易パルス発生器
10 Hz～10 MHz程度，デューティ50％の矩形波を発生する

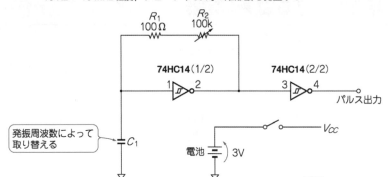

C_1	発振周波数（V_{CC}=3V）
100pF	85kHz～13MHz
0.01μF	860Hz～270kHz
1μF	8Hz～3kHz

● 簡易パルス・チェッカ

　ロジック回路の"H"，"L"ではなくて，パルスの有無を知りたい場合があります．**図22**はパルスのエッジを検出してLEDを点灯させるものです．LEDは間欠的に点滅していますが，周波数が高い場合は目の残像により点灯しているように見えます．もちろん回路が常に"H"である場合には点灯しません．

● 簡易パルス発生器

　ディジタル回路のチェックにパルス発生器があれば便利です．**図23**は10 Hz～10 MHz程度の矩形波（デューティ50％のパルス）を発生する回路です．74HC14は，6回路入りですから，この回路を3組組めばC_1を取り替える必要がありません．

● 簡易パルス発生器に接続するカウンタ

　図24は，簡易パルス発生器の出力を最大1/256ま

図24 非同期バイナリ・カウンタ
簡易パルス発生器の出力を最大1/256まで分周するカウンタ

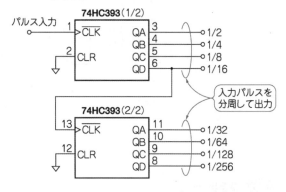

で分周するカウンタです．本文ではロジアナの練習に使用しました．例えば信号発生器の周波数を12.8 MHzにしておけば，50 kHz，100 kHz，200 kHz…の矩形波が得られます．　　　　〈漆谷 正義〉

10-7

周囲の環境にも留意する
正確な測定のためのチェックポイント

― コモンセンス⑱ ―
信号の取り出しかたに注意

オシロやロジアナを使って多くの信号を同時に測定する場合，プローブを回路に固定する必要があります．ユニバーサル・ボードにバラックで回路を組んだ場合は，図25 のように抵抗やコンデンサの足にプローブをフッキングすればOKです．プローブの各チャネルのグラウンドは測定点の近くにすべて接続します．これはノイズを拾わないための配慮です．

頻繁にチェックが必要な部分には，図26 のようなチェック端子を取り付けます．

面実装タイプは通常のオシロのプローブでフッキングするとパターンごと剥がれてしまうので，テスト・クリップ（写真13）を介して接続します．

― コモンセンス⑱ ―
測定器にも温度特性がある

測定器の電気的特性は，周囲温度により影響を受けます．また，特性値は20～30分のウォーム・アップ時間の後に適用されることが多いです．さらに仕様と特性を分けて，仕様のみ保証し，特性は代表値を表していることもあります．

周囲温度については，自動校正機能が付いているものは，「前回の校正温度±5℃で有効」などと書かれています．

このことから，電子回路の温度試験をするときは，恒温室の中に測定器を持ち込むのではなく，測定器を

写真13 テスト・クリップ
面実装タイプのチェック端子は，通常のオシロのプローブでつかむとパターンが剥がれてしまうので，テスト・クリップを介して接続する

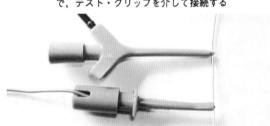

外部に設置する必要があります．

― コモンセンス⑱ ―
測定器の校正は
1年に1回するのが常識

測定器の精度は時間とともに劣化していきます．したがって最低1年に1回はメーカに校正に出す必要があります．

オシロやテスタなどが多数あって，校正の予算が取れない場合は，数台を較正に出して，残りをこれと比較して較正する方法もあります（マニュアルに較正方法が書いてある）．

また自己較正機能がある場合も多いので，これを使って測定場所が変わったときなどは必ず較正を行うようにします．

〈漆谷 正義〉

図25 バラック回路のフッキングと接地
プローブの各チャネルのグランドは測定点の近くで接続する

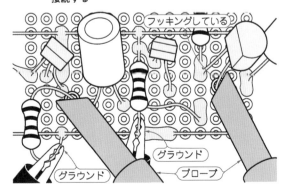

フッキングしている
グラウンド
グラウンド
プローブ

図26 プリント基板用チェック端子
頻繁にチェックが必要な部分に使う

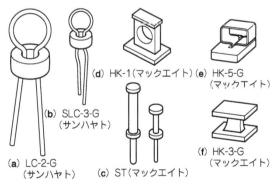

(d) HK-1（マックエイト） (e) HK-5-G（マックエイト）

(b) SLC-3-G（サンハヤト）

(a) LC-2-G（サンハヤト）

(c) ST（マックエイト）

(f) HK-3-G（マックエイト）

10-8

正しく使用して精度の高いデータを取る

測定器を使う場合の注意点

測定器には個々の使用法に関する注意点があります
が，本来なら常識の範疇であるにもかかわらず，意外
に守られていない場合があります．

次の注意点は，守られていないケースが非常に多く，
また，外見上明らかな変化がないため原因不明のトラ
ブルとなることがあります．

---- コモンセンス⑯ ----

過大入力，静電気に注意する

測定器は，使用する人が一般の消費者ではなく，充
分な教育訓練を受けスキルをもったエンジニアである
ことを前提に作られています．また，非常に高い精度
を要求されるため，一般の電子製品ほどの入出力の保
護回路が入っていません．

このため，過大入力や静電気による破損には十分な
注意が必要です．過大入力や静電気による破損では，
完全に動作不良になる場合は発見しやすいのですが，
性能が劣化して測定値に誤差が増える場合もよくあり
ます．このような場合，破損に気づかずに長期間使用
してしまうといった原因になります．

過大入力に関しては，入出力のコネクタ付近に書か
れている最大値をきちんと確認します．また静電気に
関しては，通常の静電対策はもちろん行ったうえで，
(1) むやみにケーブルを動かさない
(2) ケーブルを持ったまま立ち上がるなどの大きな動
　　作をしない
(3) 未使用のコネクタには購入時に付属しているよう
　　なキャップを付けておく
(4) 特に入力端子は開放にせずターミネータでふさい
　　でおく
などの習慣を付けておく必要があります．

---- コモンセンス⑰ ----

プローブや同軸ケーブルを縛らない

オシロスコープのプローブの中心導体は頭髪より細
いものが使用されています．このため使用時に無理な
力をかけたりすることは論外ですが，後片付けをする
際も縛ってはいけません（図27）．新品のプローブを
購入したときのように，ゆるやかに丸めて収納するよ
うにします．

同様に，同軸ケーブルも縛ったり小さな曲率で束ね
たりすると，誘電体が変形して外部導体の編組が偏る
原因になりますので，やはり緩やかに丸めて保存しま
す（図28）．

ここではオシロスコープのプローブと同軸ケーブル
を例にしましたが，通常の実験室にあるようなケーブ
ルは，すべて縛ってはいけないと考えましょう．

---- コモンセンス⑰ ----

使用するまえに必ずエージングと
キャリブレーションを行う

測定器は精密な電子機器です．測定器自体が冷えき
っている状態から電源を入れて内部温度が上昇する間
は，本来の精度が出ない場合も多くあります．このた
め，最低30分程度はエージングするようにします．
30分というと長いように思いますが，朝出勤して，
まず測定器の電源を入れ，それから当日の予定の確認
や，メールのチェックなどのデスクワークをするよう
にすれば，時間のロスにもなりません．

また，測定器を使用するまえにキャリブレーション

図28 同軸ケーブルも変形する

同軸ケーブルを縛ったり，小さな半径で丸めると…

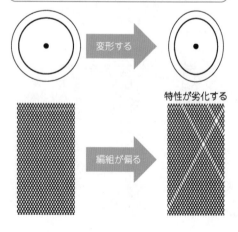

図27 ケーブルは縛らない

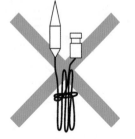　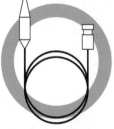

(a) 縛ってはいけない　　(b) ゆるやかに丸める

を行うことも大切です．キャリブレーションは測定器の精度の校正という本来の目的以外に，その測定器が故障しておらず正しく動作しているかの確認をする意味もあります．したがって，測定器本体のキャリブレーション機能によって，個々の測定器単体でのキャリブレーションを行うとともに，実測定環境での測定器類を組み合わせた状態での動作確認を行うことも重要です．

これを怠ると「いつからか壊れていた？ どこまで遡って再測定すればよいかわからない．すべて再測定しなければならない」といった恥ずかしいことも起こりえます．

また，特に共用の測定器などでは，誰かが壊したまま報告せずに放置されてる場合もあります．

実測定環境でのキャリブレーションというと，難しいように感じるかもしれませんが，前回最後に測定した状態で，同じ測定をして得られた測定結果が誤差の範囲内であることを確認するだけでも，簡易的な確認にはなります．

コモンセンス⑰
ケーブルやコネクタは
性能に雲泥の差がある

測定器のコネクタとしてNコネクタやBNCコネクタがよく使用されています．これらのコネクタや同軸ケーブルは外見は同じように見えても，使用する用途に応じて，
(1) 校正用
(2) 商取引用
(3) 測定用
(4) 一般用
などのグレードが設けられています．

手元にあったいくつかのSMAコネクタのオス-メス変換アダプタのリターン・ロスを図29に示します．このように外見上はわからなくても，特性が大きく異なります．この例ではSMAタイプのコネクタですが，他の形状のコネクタでも同様ですし，同軸ケーブルもメーカやグレードによって特性は大きく異なります．

コモンセンス⑱
変形したコネクタは
ほかのコネクタまで変形させる

さらに，機械的精度が保たれていないコネクタが市場には非常に多く流通しています．また，変形したコネクタは，ほかのコネクタに変形を伝染させてしまいます．

したがって，本来信用のおけるコネクタであっても，いつの間にか変形して精度が出なくなっている可能性もあります．このような機械的精度が確保されていな

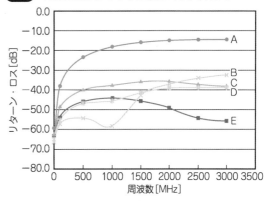

図29 外見は変わらなくても特性は大きく異なる

いコネクタを使用すると，測定機側のコネクタまで変形させてしまうことがあります．

コモンセンス⑭
測定器には
決められたケーブルだけを使用する

上記のように，ケーブルやコネクタは特性に大きな差があり，さらに変形して破損する場合もありますので，測定器に接続するケーブルはメーカ純正のケーブルかそれに準じた信用のおけるケーブルを使用します．

また，常時同じケーブルを測定器に付けたままにして使用することで，測定器のコネクタの破損を防ぐことができます．あるいは測定器のコネクタの部分に 写真14 のようなオス-メスのアダプタを噛ませておくのもよい方法です．

写真15 はこのオス-メス・アダプタを測定器のコネクタのところに常時付けて，測定器のコネクタを保護している例です．

測定器のコネクタは破損すると非常に修理費用が高いうえに，測定データ自体の信頼性も失われますので十分に注意します．

写真14 SMAのオス-メス変換アダプタ

写真15 SMAのオス-メス変換アダプタで測定器のコネクタを守る

コモンセンス⑰5
コネクタのインピーダンスに気を付ける

BNCコネクタなどには，特性インピーダンスが本来の50Ωのもののほかに75Ωのものがあります．この75Ω系のコネクタは中心導体が50Ω系に比べて若干細くなっているので，50Ω系のコネクタを刺してしまうと接点を変形させてしまう原因になります．

これも，外見上はまったくわからないため，測定値が以前の値とずれる，測定値が安定しないなど，原因がわからないトラブルとなってしまいます．

コモンセンス⑰6
余計なソフトウェアを入れない

最近の測定器はパーソナル・コンピュータ用のOSを使用したものが多くなっています．ですが，測定性能を維持するためかなりぎりぎりの使いかたをしている場合も多いため，購入時に入っていたソフトウェア以外のインストールは極力避けるべきです．とくに，常駐タイプのソフトウェアは厳禁と考えるべきでしょう．

それ以外でも，OSのパッチやアップデートも，測定器メーカに確認したうえで導入することが必要です．企業によっては，社内のネットワークに接続する場合は，ウイルス・チェックのソフトウェアの導入や，最新のパッチが当たっていることが必須の場合があります．

このような場合，ネットワークへの接続はあきらめるか，社内インフラとは切り離されたローカルなネットワークに接続する必要があります．

また，壁紙を変えたり，ゲームをすることもできますが，周りの人から見て見苦しいのでやめましょう．

コモンセンス⑰7
ウイルスにも気をつける

上記のように，最近のパーソナル・コンピュータ用のOSを使用した測定器は，ウイルス・チェックのソフトウェアも入れていない状態で，しかも最新のパッチもすぐに導入できるわけではないので，コンピュータ・ウイルスにはかなり脆弱な状態で使用することになります．実際に社内でウイルスが広がった場合，測定器まで感染していたという事例もあるようです．

最近では，USBメモリなどの外部メディアを介して広がるタイプのウイルスもありますので，測定データの持ち運びに使用するUSBメモリなどもきちんとウイルス・チェックを行ったものを使用する必要があります．

〈森田 一〉

測定の意味をいつも考えよう
column

上司や先輩から測定法を指導されて，測定を行う場合があると思います．その場合，言われたとおりに測定して結果を報告するだけでは，エンジニアとして進歩しません．

「この測定にはどんな項目を，どうやって測定しているのか？」をいつも考えましょう．特に最近の測定器は，求める結果の数字が直接出てきますから，頭を使わなくてもそれなりの測定結果は出せますから，きちんと測定作業ができます．でもそれにとどまらず，測定器の構造なども理解したうえで測定するようにしましょう．いろんな測定方法を知っていて数多くの測定をしても，それは体験でしかありま

せん．

また，もちろん先入観をもってはいけませんが，測定した結果どんな値が得られるかをあらかじめ予想することも大切です．その予想と測定結果が一致しない場合，測定方法でどこか間違いがあったのか，それとも自分の予想が間違っていたのかを考えます．わからなければ，図書館などで書籍を調べます．ネット上の情報は玉石混交なので注意しないといけません．

こうやって常に頭を使って仕事をしてはじめて，数多くの測定作業での体験が経験となってエンジニアとしての技術レベルの向上になります．

第11章
妨害を出さずにノイズや静電気に対して強くする

EMC/ESD対策のコモンセンス

11-1
妨害の少なさ(EMI)と妨害に対する強さ(EMS)
電磁両立性あるいは電磁環境両立性(EMC)

EMCはelectro-magnetic compatibilityの略です．日本語では，電磁両立性あるいは電磁環境両立性と呼ばれています．それでは，「両立」とは何を意味するのでしょうか？これは，電子機器が他の機器に妨害を与えないことと，ある程度の外部からの妨害に耐える能力を言います．

妨害を与えないことの例としては，**図1**のようにコンピュータの横にラジオを置いた場合，コンピュータが不要な雑音を出さないような設計がされていなければ，コンピュータからの雑音でラジオは聞こえなくなってしまいます．これでは問題ですので，少なくと

もラジオをコンピュータから少し離せばコンピュータからの雑音は無視できる程度になるように，つまりコンピュータからあまり大きな雑音を出さないような設計をする必要があります．

逆に，たとえばラジオのスイッチを入れた瞬間に生じるノイズでコンピュータが暴走してしまっては困りますから，ある程度の外部からの妨害には耐える能力も必要です（**図2**）．外部からの妨害には，電子機器が出す雑音以外にも，通信や放送の電波，そして静電気や落雷などの自然界が発生する雑音も含まれます．

つまり電子機器は，一定のレベルより大きな雑音を出さないように設計するとともに，ある程度の外部からの妨害には耐えうるように配慮しなければいけません（**図3**）．これは，社会生活に当てはめてみるとわかりやすいと思います．

夜中に大音量で音楽を聴いたりすれば近所迷惑になりますから慎まなければなりません．もしどうしても大音量で聴きたければ，充分な防音設計されたスニング・ルームを準備して，近所に迷惑にならないようにします．逆に，隣の常識的な大きさのTVの音声などは受忍の範囲となります．これを電子機器に当てはめたものがEMCと考えてよいと思います．

このように，どの程度雑音を出すか（あるいは出さないか）を電磁妨害（EMI；Electro Magnetic

図1 電子機器はいろいろな経路でノイズを出す

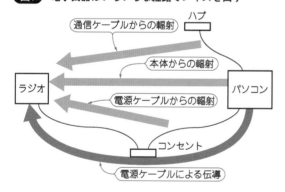

図2 電子機器はいろいろなノイズにさらされる

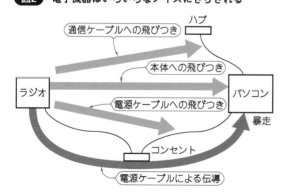

図3 あまり雑音を出さないようにするとともにある程度の妨害には耐えられなくてはならない

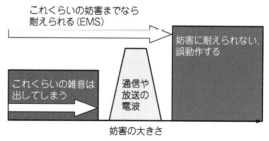

Interference）と言います．一方，ある程度の妨害に耐える能力が電磁感受性（EMS；Electro Magnetic Susceptibility）です．EMI，EMSはIECやCISPRで機器のカテゴリごとに要求水準が規定され，それをもとに各国が国内法によって規格を決めています．

欧州のEU圏ではEMI，EMSの規格はともに強制ですが，日本や米国ではEMIは通信への妨害もありうるため強制規格になっていますが，EMSは医療機器など人命にかかわる機器類以外では，品質問題であり強制規格はそぐわないとして，ガイドライン的位置づけになっています．

たとえば，微弱な電波を頼りに航行する航空機や船舶に使用する機器のEMIの規制レベルは，通常の電子機器に比べて格段に厳しく規定されています．一方，誤動作が人命にかかわるような機器，特に医療機器などではEMSの耐性が十分に確保できるように要求されます．

また，静電気による誤動作に関しては，EMSの規格のなかでも規定されていますが，静電気の誤動作は通常 ESD（Electro‐Static Discharge）として別に扱う場合もあります． 〈森田 一〉

ディジタル通信時代の測定法

従来，妨害波の測定ではCISPRのQausi‐Peakと呼ばれる，ある時定数をもった振幅検波で評価していました．これはまさにAM受信機と同じですから，アナログ通信，特に振幅変調を用いたものとは非常に良い相関がありました．

ところが，ディジタル通信には，
(1) ある閾値を越えない妨害には影響を受けない
(2) 閾値を越えた妨害で受ける影響は妨害波の強弱が関係しない
という特徴があります．

このためQausi‐PeakやPeak，あるいはAverageといった従来からの評価方法では良い相関がとりづらい面があります．このため，これに変わるものとして振幅確率分布（APD；Amplitude Probability Distribution）という評価方法が使われつつあります．

このAPDは 図A のように，ある観測時間 T の間に規定のレベルを越える妨害波が入る時間の総和の割合で評価します．つまり，ある時間の間に，エラーを起こす（つまり復調後に最小符号間距離の半分以上の振幅をもつ）妨害波が全体の何割あるかを測定するわけです．例えば，ワンセグ放送で考えれば，エラー訂正前の通常 MER と呼ばれるエラー・レートを測定することになります．

このようにAPDは，まさにディジタル通信の特徴をそのまま表現した測定法といえます．

APDは1978年ごろ杉浦行氏（郵政省電波研究所：当時）が先鞭をつけられました．現在では日本から後藤薫氏（NICT）をはじめとする方がCISPR16

の測定法や，CISPR12で電子レンジなどのマグネトロン応用機器への規格などの国際規格化のために尽力されています．

また，地上ディジタル波やBluetoothなどの通信機能を内蔵したポータブル機器で最近問題になる機内妨害に関しても，同様に非常に良い相関が得られます．このため，スペクトラム・アナライザでも従来の Max‐Hold や Average 以外に，APDまたはそれに類する表示方法をもった機種が出てきています．例えば，ローデシュワルツ社のテスト・レシーバなどではCISPRの測定法に則したAPDが測定できますし，テクトロニクス社のRSAシリーズに付いているDPXもAPDを間接的に表現していると考えられます．

図A APDの評価法

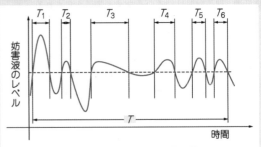

$$APD = \frac{T_1 + T_2 + T_3 + T_4 + T_5 + T_6}{T}$$

11-2

パスコンの入れかたによって大きな差が出る
ディジタルICにはパスコンを入れる

─── コモンセンス⑰ ───
ICの電源ピンにはパスコンを入れる

ICの電源ピンには必ずパスコン(バイパス・コンデンサ)を入れます。このパスコンの役割はICの消費電流の急激な変化を補完することです。これを別の面からみると、ICの消費電流の急激な変化を電源ラインに伝えないことと考えることもできます。

電流が変化すればそこからノイズが発生します。このため、電流が変化するラインのループ面積を極力小さくする必要があります。また、パスコンから電源ピンまでのインダクタンスはパスコンの効果を劣化させます。したがって、パスコンと電源ピンを結ぶターンはできるだけ短く(20 mm以下)にする必要があります。さらに、忘れがちですがICのGNDピンとパスコンのGNDも極力表層で接続します(**図4**)。

図5は良くないアートワークの例です。まず、電源からICのV_{DD}を通ったあとでパスコンに接続されています。さらに、V_{DD}とパスコンはビアで一度下層にパターンが戻っています。GND側も同様にビアを介しています。このようなアートワークにしてしまうと、せっかくパスコンをICの近くに置いても、ICのV_{DD}-GNDとパスコンの間にビアのインダクタンスが生じてしまうため、パスコンが効果を失ってしまいます。

BGAなどで、パスコンを背面に配置する場合、ビアを介することになりインダクタンスが大きくなってしまいますので、**図6**のようなアートワークを基本にします。

─── コモンセンス⑲ ───
異なる容量のパスコンの並列接続はしない

よく回路図を見ていると、異なる容量値のセラミック・コンデンサを複数並列にパスコンとして使用している例があります。ところが、これは効果がないばかりかむしろ悪影響を及ぼす場合がありますので要注意です。

図7に100 nFと1 nFの積層セラミック・コンデンサのインピーダンスの例を示します。この二つを並列にすると、二つのコンデンサのインピーダンスが並列になりますから図中の赤い線のような合成インピーダンスになると思われるかもしれません。

ところがこれは大きな間違いです。**図7**ではインピーダンスの絶対値で書かれていますが、自己共振周波数よりも高い周波数ではコンデンサはインダクタとしての挙動を示しますから、二つの自己共振周波数に挟まれた部分ではLC並列共振回路となってしまいます。

二つの容量の異なるコンデンサを並列に使用した場合は、**図8**のように二つの自己共振周波数で挟まれた領域においてLC並列共振回路による反共振が生じてインピーダンスが上がっています。

このため、パスコンの効果が弱くなってしまう周波

図5 パスコンとICのピン間にビアを使用するとパスコンが効きづらくなる

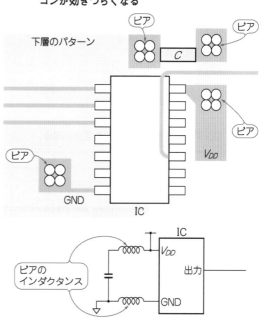

図4 パスコンはICのピンと最短距離で表層でつなぐ

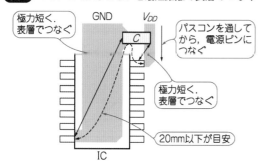

極力短く、表層でつなぐ

GND V_{DD}

パスコンを通してから、電源ピンにつなぐ

極力短く、表層でつなぐ

20mm以下が目安

IC

数帯域ができることになります．逆に，同じ容量のパスコンを並列にした場合は，素直に全帯域にわたって半分のインピーダンスとなります．

どうしても異なる容量のパスコンを使用する場合は，容量の大きいコンデンサに ESR の大きなものを選択するか，直列に 0.1 Ω 程度の抵抗を入れ Q を下げることてで反共振のピークを低くします．

大容量のアルミ電解コンデンサとセラミック・コンデンサを並列にするような場合は，アルミ電解コンデンサの ESR が比較的大きいため，反共振の影響があまり出ません．

コンデンサの自己共振周波数での低いインピーダンスを利用して，特に落としたい周波数のノイズの周波数に自己共振周波数を合わせてしまうという方法は，コンデンサの容量ばらつきやエージング特性などによる経年変化などから，かなり危険な面があります．

コモンセンス⑱
小容量のコンデンサは
高周波特性が良いというのは間違い

昔は大容量のコンデンサはアルミ電解コンデンサ，

小容量でよければセラミック・コンデンサといった具合に，コンデンサの種類と実現できる容量にある程度明確な線が引けました．このため，大容量のアルミ電解コンデンサは ESR が比較的高く，また高周波特性も良くありませんでした．一方，ESR が低く高周波特性も良いセラミック・コンデンサでは大容量のものは実現できませんでした．このため，大容量のコンデンサは高周波特性が良くないという迷信が生まれてしまいました．

ところが，ESL などをはじめとする周波数特性は，そのコンデンサの電極構造や誘電体の種類によっておおむね決まってしまいます．

図7 では 1 nF と 100 nF のコンデンサのインピーダンスが描かれています．自己共振周波数より低い周波数帯域では $1/\omega C$ の傾きの平行線になっています．容量が異なるのでインピーダンスも異なっています．ところが，自己共振周波数より高い周波数では 2 本が重なってしまっています．

この例からも，同じ種類のコンデンサであれば ESL はほぼ同じで，小容量のものが高周波特性が良いわけではないことがわかります．　　　　〈森田　一〉

図6 パスコン背面置きの場合のアートワーク

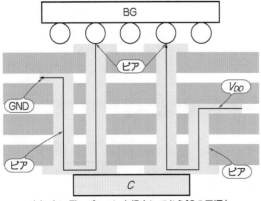

（a）良い例：パスコンを経由してからICの電源とGNDに接続している

（b）悪い例：電源とGNDがICとパスコンに分岐している．ピアのインダクタンスでパスコンが効かない

図7 コンデンサを並列に接続した場合の間違い

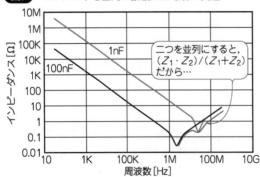

図8 パスコンを並列に使う場合は同じ容量に統一する

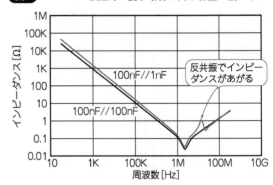

11-3

保護用部品も正しく使わないと効果が出ない

FBやEMIフィルタの活用

── コモンセンス⑱ ──
フェライト・ビーズを活用する

プリント・パターンにもインダクタンスがあるので，電源ラインへのフェライト・ビーズは必須ではありませんが，EMIの検討用にあとからフェライト・ビーズを追加できるように0Ωの抵抗を入れておきます．フェライト・ビーズは直流抵抗による電圧ドロップが生じます．また，直流電流によりインダクタンスが減少しますので，それを考慮した部品の選択が必要です．

低い ESR，ESL を実現するために，チップ部品の長辺側に電極を形成したLW逆転タイプのコンデンサや3端子コンデンサなども，状況により使用します．

── コモンセンス⑱ ──
外部に接続するコネクタは
ESD対策が必須

筐体についているコネクタ類は必ずESD対策をします．ESD対策にはツェナー・ダイオードやバリスタをよく用います．ツェナー・ダイオードはダイオードですから，たとえばRS-232の信号線のように順方向に電圧が加わる回路の場合は，逆向きに2個直列にします．

バリスタの場合は，静電気が加わるたびに特性が劣化しますので，仕様書などで何回の保護を保証しているかを確認する必要があります．また，周波数の低い信号線の場合にはツェナー・ダイオードやバリスタを使用せずに，CRだけでも保護できます．

── コモンセンス⑱ ──
保護用の部品の定格にも気をつける

IEC61000などで規定しているESDの規格値の気中放電8kVなどは，現実的にはかなり低いレベルのも

のです．実際の使用環境を考えた設計なら，この規格値は別段苦労せずに合格できるレベルのはずです．商品として販売するのであれば，気中放電で10～15kVは必要でしょう．乾燥した状態で，毛足が長い絨毯の上を歩いた場合には25kV以上の静電気が発生することもあります．

したがって，各社でもっと高いESDの保護レベルを社内基準としてもっていると思いますが，仮に8kV/200pFであったとしても，そのエネルギーは7mJ程度になります．しかも，そのエネルギーが通過する時間は1msに満たない瞬間なので，瞬時電力は膨大な値になります．このため，保護に使用する部品の定格には十分に気をつけます．通常，基準電圧の発生に使用するようなツェナー・ダイオードや普通の1005タイプの抵抗だと破損する場合があります．

── コモンセンス⑱ ──
保護用部品の配置にも気をつける

せっかくツェナー・ダイオードやバリスタなどの高価な保護部品を使用しても，適切な場所に配置されていなければ効果がありません．信号線を分岐させて保護部品につなぐのではなく，コネクタと保護すべきデバイスの間に保護部品が入るようにします．

また，GNDも十分に広いパターンで直接筐体に接続されたフレーム・グラウンドに落とすようにします．ポータブル機器などで金属筐体がない場合は，できるだけ広い面積の金属板をフレームと考えます．

設計者が，いくらここがフレーム・グラウンドだと言い張ってもインピーダンスが高かったり，ほかにもっと対地容量の大きなプレーンがあれば，電流はそちらめがけて流れてしまいます．

自分の願望や憶測ではなく，合理的に静電気が流れる場所を検討していく必要があります．

〈森田 一〉

ESL の低いLW逆転コンデンサ

column

コンデンサのESLは，誘電体の種類が同じなら電極構造でおおむね決まってしまいます．例えば，1005サイズのチップ・セラミック・コンデンサでは容量によらずほぼ同じESLになっています．

このため，電極構造を変更してESLを低減した

LW（縦横）逆転コンデンサがあります．通常のチップ部品では両側の短辺に電極が形成されていますが，LW逆転コンデンサではチップの長辺に電極が形成されています．縦横が逆なので0510サイズと呼ぶ場合があります．

コモンセンス⑱

周波数拡散クロックは極力使用しない

筐体やパターンの設計が悪いと，マイコンの基準クロックの高調波が法規制に対してマージンが取れない場合があります．この場合，基準クロックに数パーセントの範囲でジッタをもたせることにより，マージンを確保しようとする方法があります（**図9**）．

ジッタのもたせかたとしては，本来のクロックの周期を中心とする方法と，クロックの周期を上限としてそれより長い周期に振る方法の2通りがあります．いずれの方法でも，ジッタをもたせるということは，クロックを周波数変調または位相変調することにほかなりません．この結果，クロックから出るトータルのエネルギーは変わりませんが，長い時定数で見た場合のスペクトラムのピークが下がり，逆に帯域は広がることになります（**図10**）．

この方法を用いると法規制で規定されている測定法では，比較的簡単にマージンを確保できるため，1980年代半ば頃から一時期もてはやされました．また，現行の法規制の測定法は，従来のアナログ放送に対する妨害に対して良い相関が得られるように規定されています．したがって，単に法規制を満足させるだけではなく，アナログ放送に対しても効果はありました．

ところが，ワイヤレスLAN，Bluetooth，地上波ディジタル放送，GPSなどのディジタル通信に対しては効果がないばかりでなく，むしろ悪影響が出る場合が非常に多くなってしまいます．

たとえば，アナログ通信であれば妨害の頻度が下がればそのぶん通信の品質は上がりますが，ディジタル通信では妨害が一定の閾値以下でなければ強度にかかわらずエラーが生じます．したがって，ピークが下がることのメリットは非常に少なくなってしまいます．逆に，本来の細いスペクトラムであれば通信の帯域に入っていなかった妨害が，スペクトラムを拡散した結果，その通信路の帯域までスペクトラムが広がり，通信を妨害してしまいます．さらにディジタル通信では使用する帯域が広いため，スペクトラムが被る可能性も大きくなります（**図11**）．

このため，通信機能をもつような機器の場合，周波数拡散クロックを使用することはできません．

〈森田　一〉

図9 スペクトラム拡散クロックはクロックに揺らぎをもたせる

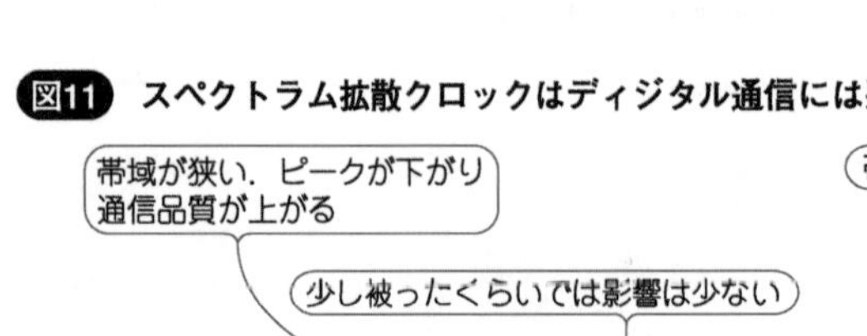

本来のクロック

スペクトラム拡散
クロック

クロックのエッジに揺らぎをもたせる

図10 スペクトラム拡散クロックを用いると長い時間で見た場合のピーク値が下がる

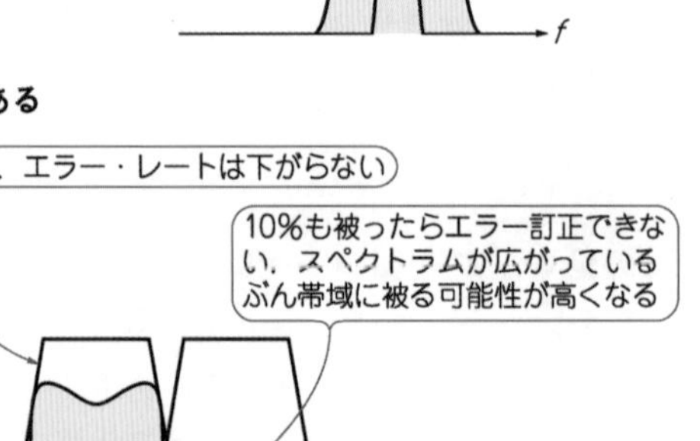

本来のクロックのスペクトラム

スペクトラム拡散クロック
のスペクトラム

f

図11 スペクトラム拡散クロックはディジタル通信には悪影響がある

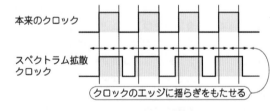

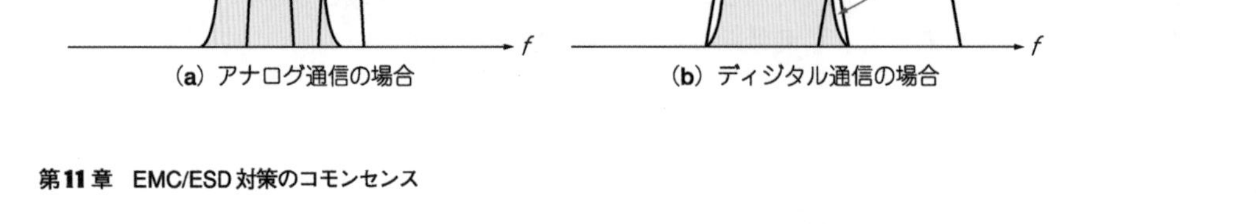

帯域が狭い．ピークが下がり
通信品質が上がる

少し被ったくらいでは影響は少ない

f

（a）アナログ通信の場合

帯域が広い．エラー・レートは下がらない

10％も被ったらエラー訂正できない．スペクトラムが広がっているぶん帯域に被る可能性が高くなる

f

（b）ディジタル通信の場合

11-5

EMC を考慮してパターンを設計する
プリント基板設計の基本

───── コモンセンス⑱ ─────
電源ラインはべたにしない

電源と GND の向かい合っている面積を増やして，その面積による静電容量をパスコンとして利用するために，電源のべたパターンがもてはやされた時期もありました．ところが，内部で発生するノイズの周波数が高くなってきたため，電源と GND が大きな面積で向かい合うことで平板共振が問題になってきました．イメージとしては，大太鼓の片面をたたくと反対側の革も振動することを想像するとよいと思います．

また，電源パターンを広い面積にしてそれをパスコンとして利用しようとすると，IC の電源ピンからのノイズは広い電源パターン全域に広がることになります．べた電源といっても，ほかの信号のためのビアなどにより，必ずスリットができてしまいます．このようなスリットがあると，それがアンテナになってノイズが外に飛び出してしまいます（図12）．

このため IC のすぐ近くにパスコンやフェライト・ビーズを適正に配置して，電源ラインにはノイズを流さない設計をするべきです．電源ラインにノイズ成分が流れ出さなければ，電源パターンをべた面にしていくら静電容量を稼いでも無意味ですから，電源をべたにする必要がなくなってしまいます．

また，タンカー事故で海に広がった油のように，一度広い面に流れ出したノイズは，いくらパスコンを置いてもなかなか除ききれません．したがって，電源をべた面にせずに，必要最低限の線で引くことで基板上の配線余裕度を大きくして，ほかの配線をより素直に引き回すことが重要です．

───── コモンセンス⑱ ─────
プリント基板の
静電グラウンドは不要

プリント基板の外周に静電 GND と称して，金科玉条のように独立した細い GND を這わせることがあります．

しかし，筐体が金属であればプリント基板に直接落ちる放電は皆無ですし，樹脂筐体であればここに落ちた放電はすぐに内部のべたグラウンドの電位を上げてしまいます．

したがって，外周に静電 GND を引き回す余裕があるのなら，そのぶん基板を小さくするか，基板端に余裕を取って沿面距離を稼ぐほうが得策です．

さらに，この静電 GND をフレーム GND に見立て対策部品の GND を落とした場合，ESD の対策効果はほとんど期待できません．細いパターンにならざるをえないので，この GND の電位はすぐ上がり，静電対策部品が効果を発揮できなくなります．

さらに，外周にループ状のパターンが形成されることで EMI/EMS の特性の悪化を招きます．どうしても基板外周にこのようなパターンを置かなければならない場合は，全周を細かい間隔で LCD などの広い金属板と接続するようにします（図13）．

図13 静電グラウンドは効果がない

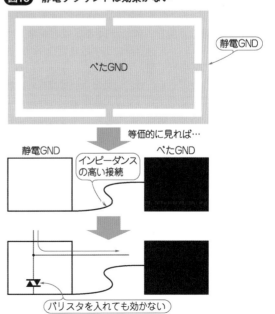

静電GND

べたGND

等価的に見れば…

静電GND｜べたGND

インピーダンスの高い接続

バリスタを入れても効かない

図12 ベタ電源パターンは使わない

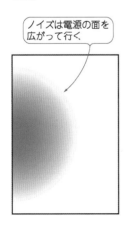

ノイズは電源の面を広がって行く

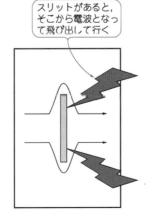

スリットがあると，そこから電波となって飛び出して行く

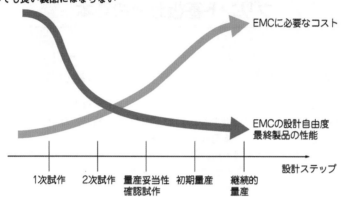

図14 最初の試作以前でのEMC設計が重要
あとから対策しても良い製品にはならない

EMCに必要なコスト

EMCの設計自由度
最終製品の性能

設計ステップ

1次試作　2次試作　量産妥当性　初期量産　継続的
　　　　　　　　　確認試作　　　　　　　量産

─── コモンセンス⑱ ───
EMCは対策ではなく設計

まだ「EMCなんてものはすべて設計が終了してから考えればよい」という，甘い考えをしている古い考えかたの設計現場もあるかと思います．

しかし，最近のようにクロックが高速化し，基板も多層化している状況では，最初の試作からEMCに配慮した設計をする必要があります．このため，設計当初からEMCを配慮した設計を行うことが主流になりつつあり，先進的な企業ではEMC設計部門などの名称のEMC関連の経験豊富なエンジニアを集めた設計チェック・グループを構成している場合もあります．

ひとたび基板ができあがってしまうと，対策をしようにも，電源ラインや信号線が基板の内層を走っていて何も手出しができない場合があります．また，設計初期からほんのわずかなアートワーク上のEMCの配慮をすればあまりコストをかけずに済むはずだったのが，量産直前で問題になれば膨大なコストアップになります（**図14**）．

しかも量産直前ともなると，対策としても，銅箔やガスケットあるいはノイズ抑制シート（NSS）の追加な

自家中毒とは呼ばず，機内妨害と呼びましょう　　　　　column

従来，EMCというとある機器が他の機器に対して妨害を与えることをメインにおいていました．ところが，通信機能を内蔵したIT機器などが増えてきたことに伴い，自分自身の出す雑音で自分の機能が損なわれる事例も増えてきました．

このようなことを，機内妨害あるいは機器内妨害と呼びます．奇をてらって「自家中毒」と呼ぶ人もいますが，あえて医療用語をもちだす必要はどこにもありません．「自家中毒」と診断されて苦しんでいる方のことを考えれば，軽々しくこのような名称は使えないと思います（筆者も幼少期に自家中毒と診断され苦しんだ時期がありました）．

さらに，自家中毒という病名すら「原因はよくわからないが，特定の症状を示す場合の総称」であって，明確な原因に対する治療法があるわけではありません．医療の場合，原因究明は困難な場合が多いと思いますが，電子回路であればとことん究明することは可能です．患者さんはそう簡単に死なせるわけにはいきませんが，試作機なら数台壊しても問題ありません．

機内妨害に関して「自家中毒」と呼んだ時点で，エンジニアとして理論を積み上げりことを放棄して，行き当たりばったりでとりあえず製品をでっち上げるといった印象を強く感じてしまいます．その結果，EMCに対して何ら得るものがなく，次の製品の開発でも同じように行き当たりばったりで徹夜の連続…さらには「あのときこうだったから」という体験だけで的外れな対策をして泥沼にはまる場合も多く見受けられます．

エンジニアとして，正しく理論の積み上げの元で設計する意気込みのひとつとして，「自家中毒」という呼びかたはやめて「機内妨害」あるいは「機器内妨害」と呼びましょう．もしハイカラな呼びかたがしたいのであれば "Intra EMC"，"In System EMC"，"Platform Interference" などの名称があります．

どしか手の出しようがなくなってしまいます．さらに，基板上でのEMCを配慮した設計では，部品のばらつき以上のばらつき要因はありませんが，量産直前で追加した銅箔などの「貼り物」は，作業者の状態で非常に大きなばらつき要因となります．

もちろん，商品設計においては設計スケジュールの厳守というのは非常に大きな項目ではありますが，最初の試作の基板出図の時点で，十分な検討ができていない場合，あえて日程を遅らせても十分なEMC設計をした状態で試作するべきです．初期設計段階での設計が不十分なまま，周囲の眼や評価を気にして無思慮に設計ステップを進めてしまうと，量産を開始してから多くのトラブルが生じることになります．

コモンセンス⑱
高周波回路ではインピーダンス・コントロールを行う

高周波回路や高速ディジタル信号のパターンは，パターンのインピーダンスが問題になってきます．このため基板を量産した場合，そのパターンが規定のインピーダンスになっていることを確保しなければなりません．これがインピーダンス・コントロールです．

基板を量産した場合には，パターンのインピーダンスは基材の誘電率のばらつきや，エッチ液の温度やpH，さらにエッチ時間など多数のエッチ条件によっ

てパターン断面の形状が変化することでばらつきます．

厳密なインピーダンス・コントロールが必要な場合には，基板の端にテスト・クーポンと呼ばれるインピーダンス確認用のパターンを作成して，それを測定することで選別します．ただし，大量生産が必要な民生機器の基板では，そこまで厳密なインピーダンス・コントロールをすると基板の歩留まりが悪くなり，コストが高くなってしまいますので，ある程度のばらつきがあることを前提に回路設計をすることになります．

この原稿を書いている時点では，テスト・クーポンを使用してインピーダンス・コントロールができる日本国内のエッチャにインピーダンス・コントロールが必要なことを伝えておけば，日本製の基材を使用すれば選別なしで概ね±10％程度のインピーダンスのばらつきで仕上げてくれるようです．

一方，海外のエッチャでは選別をしないと，インピーダンスのばらつきが±15〜20％程度になる場合もあり，テスト・クーポンによる選別が必要になってしまう場合があります．

このため，最初に提示された基板コストの安さに飛びつくと，選別による歩留まりの悪さでコストが上がったり欠品といったリスクが出ることがあります．

もちろん海外メーカも次第に品質は向上していますが，この面を念頭においてエッチャの選定をする必要もあります．　　　　　　　　　　〈森田 一〉

EMCエンジニアとしてのスキルアップ

自分の技術レベルはよくわからないものです．特に，良い成績で大学を出て一流企業などと呼ばれる会社に入社したりすると，井の中の蛙になりかねません．

EMCに関しては，特にスキルアップするための学習機会が少ないのが現実です．そのなかで，スキルアップするための情報をいくつか紹介しましょう．
▶月刊誌『月刊EMC』ミマツコーポレーション
http://www.it-book.co.jp/EMC/
EMCに特化した月刊誌です．
▶VCCI講習会
http://www.vcci.jp/
（財）VCCI協会が主催する講習会が毎年開催されています．
▶KEC講習会
http://www.kec.jp/
（社）関西電子工業振興センターが主催するEMCの講習会です．上記講習会では，EMCに特化したスキルだけではなく電子回路の基礎の再確認もカリ

キュラムに入っていますので，機会を見て積極的に参加されるとよいと思います．
▶NICT EMC-net
http://emc.nict.go.jp/emc-net/emc_net_info.html
独立行政法人情報通信研究機構（NICT）が主催する研究会です．筆者も参加していますので，お会いすることがあるかもしれません．

また，自分のスキルがどの程度か確認したい場合，iNARTEのEMCエンジニアあるいはEMCテクニシャンの受験をしてみるのもよいと思います．iNARTEは，もともと米国でEMC技術者のレベル認定のために制定された資格で，EMC技術者のレベルの唯一の指標になっています．日本ではKECが提携しており，日本語で試験を受けられます．
http://www.kec.jp/narte/emc-index.html
ただし，この試験の受験のための勉強をして合格したのではまったく意味がなく，日々の研鑽の結果の腕試しに受験して合格すれば非常にすばらしいと思います．

第 **12** 章
設計から製造までの流れと法規制

製品設計のコモンセンス

12-1
回路図を作成することだけが設計者の仕事ではない
プリント基板のできるまで

コモンセンス⑱
**プリント基板は
多くのデータをやりとりする**

いまや，どんな電気製品でも必ず使われているプリント基板ですが，回路設計者がアートワークをするのではなく，回路設計者からの情報をもとに基板設計者がアートワークを行う分業になっている場合が多くなっています．このような分業の体制のなかでは，回路設計者は回路図を描いてアートワーク技術者に渡せば終了のように思う方も多いと思います．まずは，基板作成にかかわるデータのなかの主だったものを紹介します（**図1**）．

まず，回路CADで回路図を描いてネット・リストを作ります．このとき同時に，基板上にマウントされる部品の部品表（BOM；Bill Of Materials）も作成さ

れます．

基板CADでは，このネット・リストを元にアートワークをするわけですが，同時に基板の外形やスイッチなどの位置固定部品情報，高さ制限などの情報も機構CADから取り込みます．

さらに，おのおのの部品のマクロ情報や，基板仕様に基づく設計ルールも参照します．また，高周波をはじめとするアナログ回路部分や電源回路などに関しては，回路設計者が詳細なアートワーク指示書を準備します．

このような情報を元に，アートワークを行い，できあがったデータを基板メーカに伝送して基板作成に入ります．それとともに，自動機が部品をマウントするための部品の配置データを生成します．

図1 基板作成には多くのデータをやりとりする

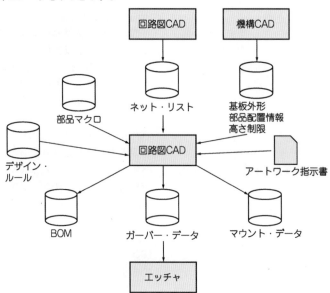

コモンセンス⑲
回路設計者の仕事は
ネット・リストの提出で終わりではない

回路図エディタで回路設計者が回路CADに回路を入力し，ネット・リストを作成することを，通常「回路出図」あるいは「ネット出し」などと呼びます．「回路図さえCADで入力してしまえば，仕事は終わり」などと思っている設計者もいますが，回路設計の仕事はここでやっと折り返しです．むしろ，ネット出しまでに回路図を完成させるのは当然です．いくら完璧な回路図ができても，良い基板ができなければしょせん絵空事ですから，ここからアートワーク技術者と意思の疎通を図り，良いアートワークを作成することのほうが重要です．

このためネット・リストとともに，高周波をはじめとするアナログ回路や電源部分など，アートワーク上で注意する項目を説明した設計資料も作成します．最近では，ICメーカがアプリケーション・ノートなどで参考になるアートワークの例を開示している場合もあります．しかし，実際の製品ではそのアートワークどおりに製作することは不可能ですから，そのアプリケーション・ノートを参照して理解したうえで現実的な指示をします．

コモンセンス⑲
アートワークの最中にも
仕事はたくさんある

次に，これらの情報をもとにアートワークを行いますが，アートワークの途中段階で回路設計者が意図しているようなアートワークになっているかのチェックを行います（図2）．これをチェックバックと言います．

アートワークを開始したあとで回路変更をすると，それまでに行ったアートワークが無駄になってしまいますので極力避けるべきです．アートワークの途中になってから回路変更が生じるというのは，回路設計のレベルが低いことにほかならず，また日程を正確に見積もる能力に欠けるということでもあります．アートワークを開始してから頻繁に回路変更が行われる場合，

図2 アートワークの途中では何度もチェックをしてパターンを仕上げていく

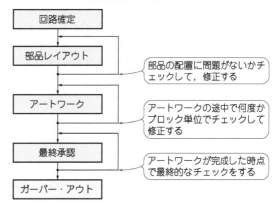

回路確定

部品レイアウト ← 部品の配置に問題がないかチェックして，修正する

アートワーク ← アートワークの途中で何度かブロック単位でチェックして修正する

最終承認 ← アートワークが完成した時点で最終的なチェックをする

ガーバー・アウト

部品が追加されても対応できるように部品レイアウトにも無駄なスペースを確保しなければなりません．このため小型の製品の設計では大きな障害になります．

回路設計者の意図どおりになるように何度かのチェックバックを経て，アートワークが完了したら基板メーカに渡すためのデータを作成します．このことを「基板出図」または「ガーバー・アウト」と呼びます．ガーバー・アウトされると，基板メーカは基板の作成に入ります．基板作成の工程では，あまり日程を短縮できる要素がありません．このため，ガーバー・アウトは製品開発の日程上，大きなマイルストーンの一つになります．

最後のチェックバックでOKが出てからガーバー・アウトまでに，シルク印刷データの作成や，最終的なDRC（Design Rule Check）の作業があり，多層基板などではおおむね1日かかることも稀ではありません．ガーバー・アウトの前日にはチェックバックのOKが出せるような日程を考える必要があります．

また，基板メーカと基板の基材を作っているメーカとを明確に区別する場合，エッチ（etch）する人という意味でエッチャ（etcher）と呼ぶことがあります．

〈森田 一〉

部品のレイアウトにはメリハリをつける
column

最近の電子機器はどんどん小型化していますので，それに伴って基板面積も狭くなっています．このため部品配置もぎりぎりまで追い詰めていく必要がありますが，メリハリをつけることも大切です．

例えば，基板上に回路保護用のヒューズを実装する場合がありますが，このような後日交換が必要に

なる部品の周辺はリワークができる余裕を確保する必要があります．

また，コイルなどは相互に干渉する可能性がありますから，閉磁路タイプのコイルでも漏れ磁束の出る向きを考えて十分なクリアランスを確保しなければいけません．

コモンセンス⑱
法規制は必ず守らなければならない

趣味として電子工作をするぶんにはあまり大きな問題は生じない法規制ですが（もちろん電波法など配慮せねばならない規制はある），製品を作る場合には法の規制は第一優先になります．

どんなに素晴らしい機能をもった製品でも，法の規制を満足できていなければ世の中に出すことはできませんし，万一出荷してから違反が判明した場合，その製品の回収，罰金や担当者に対する懲罰，企業の社会的な信頼の失墜といった大きな痛手を被ります．

法規制に関しては，非常に厳密な解釈が必要です．中途半端に解説するとむしろ弊害がありますので，ここでは大まかな概念だけにとどめます．

個々の事例については，社内の専門の部署や関連省庁に確認して行動する必要があります．さらに，法によっては過失を認めず「過失は故意と看做す」と規定されている場合すらあります．

コモンセンス⑲
「多分大丈夫」は通用しない

ひとたび法規制に違反した場合，大きな痛手を被ることを考えれば，「多分大丈夫」という判断はできないことは自明だと思います．新しい機能を追加した製品では，これまで以外の規制の対象にならないか，いろいろな角度からチェックしましょう．また，従来と変わらない仕様であっても，法規制自体が変わる場合があるので，最新の規制内容を確認する必要があります．

故意に違反をすることは論外ですが，比較的によく見かける事例としては，
(1) 法規制があることを知らなかった
(2) 多分大丈夫だと思った
の二つがあります．

「知らなかった」というのは，防ぎようのない事故に近くなってしまいますが，自分だけで判断せずに，専門の部署や部内外の経験者に逐一相談することで，かなり回避できます．

「多分大丈夫だと思った」というケースは，すべての法適合の確認が終わったあとで行った何げない変更が落とし穴になることが多いようです．

たとえば，ACの電源コード・セットは日本向けと北米向けで外見はほとんど同じですが，共通で使える

ものは皆無といってよい状態です．また，生産拠点を国内から海外に移したとたん，これまで法に適合していたものが適合しなくなるケースもあります．

したがって，少しでも変更した場合は自分で判断せずに，適切に確認する必要があります．

コモンセンス⑮
安全規格は安全を保証しない

「それなら何のための安全規格か？」といった疑問が出るかと思います．

安全規格は，「明らかに危険なものが市場に出回ることを防ぐ」ためのものです．このため，安全規格に適合していれば安全だとは言いきれません．

もちろん，安全規格は過去に失った多くの人命や財産を礎に築き上げたものです．一見非合理的な試験項目であっても，必ずそれには意図があります．なぜこんな試験項目があるのかを深く考えて，その試験項目で確認しようとしている安全性を理解したうえで設計した製品なら安全と言えます．

逆に言えば，正しく安全を考えて設計したものであれば，無理なく安全規格の試験は合格します．

しかし，試験勉強が得意で学校では良い成績だったのに社会に出るとまったく役に立たない人がいるのと同じように，厳しいコスト競争に打ち勝つため，おのおのの試験内容に特化してぎりぎり安全規格を満足したような製品は，数年後に何が起きても不思議ではないものになってしまいます．

最近では，コスト競争が厳しいものの最右翼としてACアダプタがあります．「A社よりB社は3割も安い」といった場合，A社がコストダウンの努力を怠って漫然と設計しているのでしょうか？

両社のACアダプタを分解して内部点検してみると，設計に対する考えかたの違いがよくわかると思います．

写真1 はACアダプタのインレットの部分ですが，この実装のようにインレットの板金が直接基板にはんだ付けされた構造のものは，インレット自体や基板の固定方法を十分に注意しないと，数年後にはんだクラックによって発煙や発火事故を招く場合があります．

もちろん，このような取り付け方法でも安全試験には合格します．筆者などは，コストが上がってもこのような取り付け方法はせずに，基板やインレットのカシメ部分にストレスがかからないようリード線で接続します．もちろん，そのようにした場合，リード線が切れても他の金属部分に接触しないようなリード線の

写真1 十分に注意しないと数年後に発火発煙事故を招くインレットの実装例

固定方法にすることは言うまでもありません.

コモンセンス⑯
環境やバッテリや省エネルギーなども規制がある

WEEEやRoHSをはじめとする環境規制やバッテリーのリサイクル，そして省エネルギーに関する規制も年々変化しています．さらに，これまで規制がなかった国でも，新たに規制が始まっている場合があります．また，リチウム・イオン・バッテリに関しては，従来のものに加えて2009年から消安法による規制や，ICAOによる輸送規制も変更が加わっています．

コモンセンス⑰
忘れてはいけない輸出入の規制

昔ならココム，いまではワッセナー・アレンジメント(Wassenaar Arrangement)とといった国際条約に基づく国内法規による規制も忘れてはいけません．これは，製品や部品のみではなくコンピュータ・プログラムや技術資料，そして研修なども規制の範囲に入ってきます．さらに，相手となる国や地域によって規制の基準に差異があります．

また，海外への部品や製品のハンド・キャリあるいは現地で購入したサンプルを日本に持ち帰る場合なども，正しく税関で申告しないとすべて密輸と判断されます．ハンド・キャリは非常にトラブルを起こしやすいので極力避けて，信用のおける国際通商の業者などに仲介をしてもらうことが得策です．

特に，明確な価格のない試作品などの場合，同等の価値をもった商品の価格などを参照して，それなりに合理的な説明のつく価格を設定して申告しないと，やはり密輸や脱税といった判断をされる場合があるので注意が必要です．

輸出入に関してはトラブルが起きやすく，また違反行為とみなされた場合の罰則も重い場合が多いので，社内の通商部門やJETROなどによく確認して，適正な輸出入を行いましょう．

コモンセンス⑱
法のアラを探さない

法規制を少しかじると，いろいろ抜け道と思えるような方法が見つかる場合があります．

法律に対しては，合法と明らかな違法行為の間のグレーなゾーンがどうしてもできてしまいます．そのグレーなゾーンを使えばコストが下げられる，経費が削減できるなど，魅力が多いように思える場合があります．しかし，その法が目指している理念をよく考えて，グレーな方法はとらないようにしましょう．

法の抜け道を使うというのは塀の上を歩くようなものですから，一度はうまくいっても，いつか足を滑らせて塀の向こう側に落ちることになりかねません．

まったく新規なシステムや方式などで，現行法に対してどのように解釈すればよいか判断に困る場合は，勝手に自分で法解釈をせず，関連省庁などの窓口に問い合わせることが必要です．

コモンセンス⑲
何より怖いのは無知

そして，何より怖いのはそんな法規制があることを知らなかったという場合です．製品を出荷してから監督省庁から呼び出されて，大きな痛手となります．

〈森田 一〉

索　引

■ 編著者紹介

森田 一（もりた・はじめ）

昭和末期に家電メーカに就職し AV アンプ，CATV セットトップ・ボックス，医療機器，カーナビなどの商品開発に従事．マイコンのソフト開発，アナログ回路設計，FPGA/ASIC 設計などを担当し，最近では EMC とマイクロ波に軸足を置いて商品開発を行う．

トランジスタ技術 SPECIAL No.107

電子回路のコモンセンス ［オンデマンド版］

2009 年 7 月 1 日 初版発行
2022 年 2 月 1 日 オンデマンド版発行

© CQ 出版株式会社 2009
（無断転載を禁じます）

ISBN978-4-7898-5293-7

定価は表紙に表示してあります．

乱丁・落丁本はご面倒でも小社宛てにお送りください．
送料小社負担にてお取り替えいたします．

編 集　トランジスタ技術 SPECIAL 編集部
発行人　小 澤 拓 治
発行所　CQ 出版株式会社
〒 112-8619　東京都文京区千石 4-29-14
電話　編集　03-5395-2148
　　　販売　03-5395-2141

Printed in Japan

表紙デザイン　千村 勝紀
表紙オブジェ　水野 真帆　表紙撮影　矢野 渉